图 5　穗颈瘟

图 6　枝梗瘟

图 7　干燥时穗颈瘟症状

图 8　高湿时穗颈瘟症状

图 9　纹枯病前期症状

图 10　纹枯病急性病斑和菌核

图 11　高湿时纹枯病急性病斑

图 12　干燥时纹枯病慢性病斑

图 14　胡麻叶斑病症状

图 13　纹枯病穿顶

图 15　胡麻叶斑病单叶症状

图 16　胡麻叶斑病大田后期症状

图 17　恶苗病苗期症状

图 18　恶苗病后期死株及粉红病原菌

图 19　恶苗病感病后期植株倒生根

图 20　恶苗病大田感病症状

图 21　稻曲病初期乳白色症状

图 22　稻曲病前期乳白－黄色包膜破裂

图 23　稻曲病中期黄色症状

图 24　稻曲病孢子粉

图 25　稻曲病后期黑色症状

图 26　稻曲病似荔枝状

图 27　稻曲病大田感病症状

图 28　粳稻穗腐病早期症状

图 29　籼粳杂交稻
穗腐病早期症状

图 30　籼稻穗
腐病后期症状

图 31　粳稻穗
腐病后期症状

图 32　穗腐病
穗示病原菌

图 33　穗腐病畸形米

图 34　粳稻穗腐病后期黑穗症状

图 35　烂　种

图 36　烂　芽

图 37　烂　秧

图 38　死　秧

图 39　死　苗

图 40　叶鞘腐败病全包穗症状

图 41　叶鞘腐败病半包穗症状

图 42　叶鞘腐败病症状

图 43　鞘腐病示病原菌

图 44　白叶枯病不同病级病斑

图 45　籼稻白叶枯病症状

图 46　白叶枯病菌浓

图 47　白叶枯病大田症状

图 48　白叶枯病大田感病症状

图 49　细菌性条斑病病斑

图 50　细菌性条斑病病斑及菌浓

图 51　细菌性条斑病症状

图 52　细菌性条斑病病斑对光透明

图 53　细菌性条斑病大田症状一片金黄

图 54　细菌性基腐病秧苗期症状

图 55　细菌性基腐病秧苗病健苗

图 56　细菌性基腐成株期病健株

图 57　细菌性基腐病
成株期青枯

图 58　细菌性基腐病
成株基部腐烂

图 59　细菌性基腐病
大田感病症状

图 60　条纹叶枯病
苗期症状

图 61　条纹叶枯病分蘖期症状

图 62　条纹叶枯病中期症状

图 63　条纹叶枯病后期症状

图 64　条纹叶枯病传毒灰飞虱

图 65　黑条矮缩病症状

图 66　黑条矮缩病症状

图 67　黑条矮缩病

图 68　干尖线虫病叶尖症状

图 70　干尖线虫病大田感病症状

图 69　干尖线虫病早期危害症状

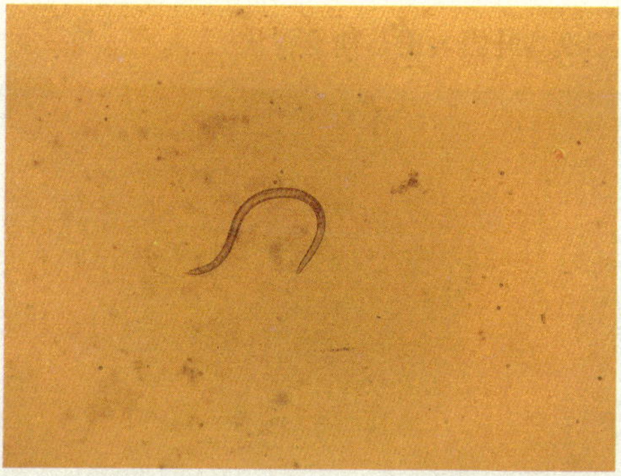

图 71　干尖线虫

图 72　稻纵卷叶螟卵

图 73　稻纵卷叶螟幼虫、蛹

图 74　稻纵卷叶螟雄成虫

图 75　稻纵卷叶螟雌成虫

图 76　稻纵卷叶螟大田苗期受害状

图 77　稻纵卷叶螟单株受害状

图 78　稻纵卷叶螟大田后期危害状

图 79　抗稻纵卷叶螟转基因水稻

图 80　稻苞虫幼虫及危害状

图 81 稻苞虫取食危害状

图 82 稻螟蛉卵

图 83 稻螟蛉幼虫

图 84 稻螟蛉雄成虫

图 86　稻黏虫幼虫取食

图 85　稻螟蛉雌成虫

图 87　稻黏虫及危害状

图 88　中华稻蝗

图 89　蝗虫危害状

图 90　福寿螺卵

图 91　各龄期福寿螺

图 92　二化螟钻孔症状

图 93　二化螟卵

图 94　二化螟幼虫

图 95　二化螟雄成虫

图 96　二化螟雌成虫

图 97　二化螟死心田间症状

图 98　二化螟死心植株

图 99　二化螟白穗

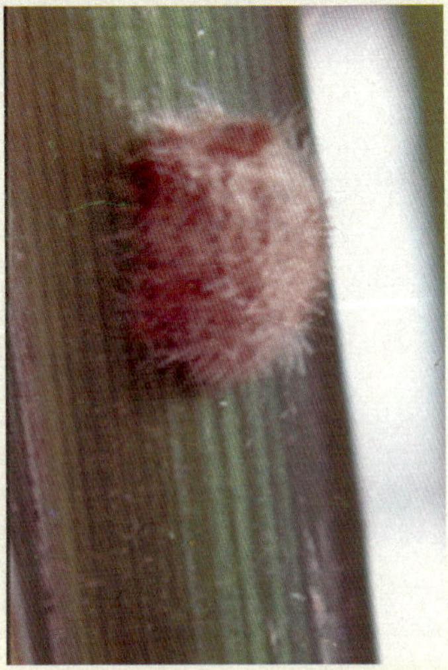

图 100　三化螟卵

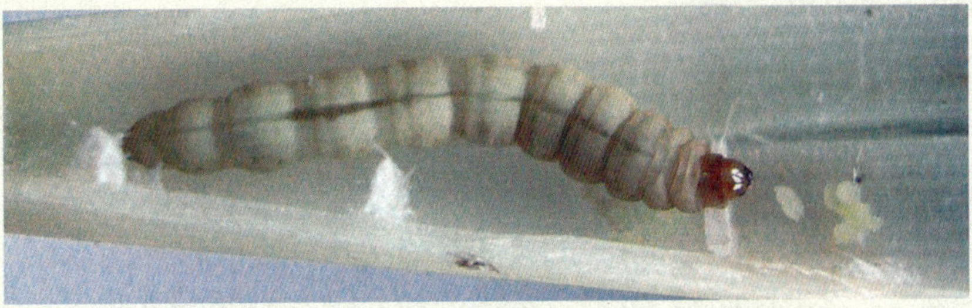

图 101　三化螟幼虫

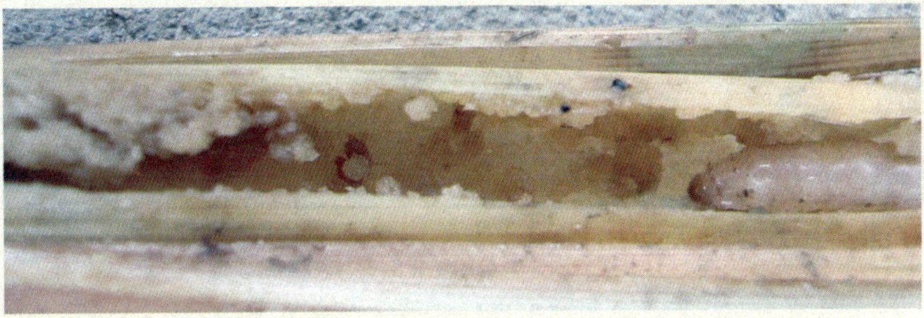

图 102　三化螟幼虫及钻蛀症状

图 103　三化螟钻孔

图 104　三化螟雄成虫

图 105　三化螟雌成虫

图 106　三化螟危害状

图 107　大螟成虫

图 108　大螟卵

图 109　大螟幼虫及钻蛀危害状

图 110　大螟幼虫及钻蛀危害状

图 111　稻瘿蚊危害状

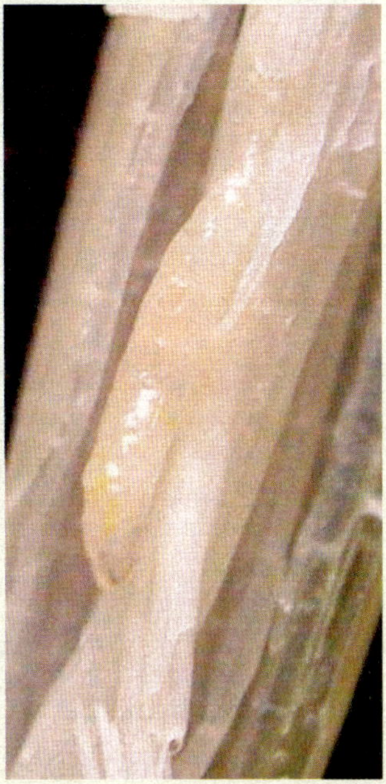

图 112　稻瘿蚊幼虫

图 113　稻瘿蚊成虫

图 114　稻杆潜蝇卵

图 115　稻杆潜蝇幼虫

图 116　稻杆潜蝇成虫

图 117　稻杆潜蝇危害状

图 118　褐稻虱卵

图 119　褐稻虱若虫

图 120　褐稻虱若虫、成虫长、短翅型

图 121　褐稻虱聚集茎部危害

图 122　褐稻虱危害不防（左）和防（右）

图 123　褐稻虱危害倒塘

图 124　抗感稻飞虱品种

图 125　白背飞虱卵

图 126　白背飞虱 长翅型成虫

图 127　白背飞虱若虫

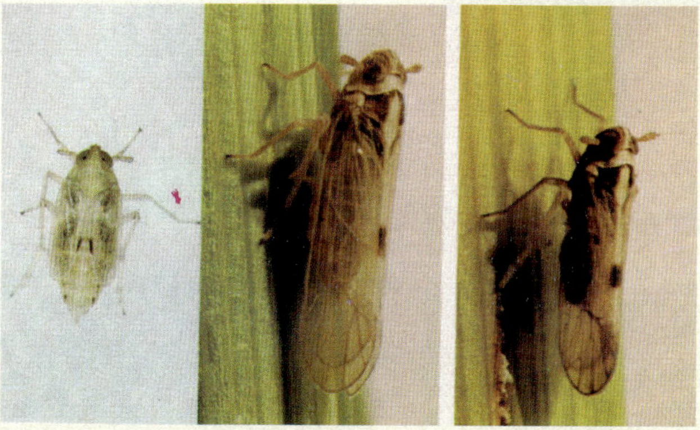

图 128　白背飞虱若虫、长翅型成虫

图 129　白背飞虱危害状

图 130　白背飞虱大田危害状

图 131　灰飞虱成虫

图 132　灰飞虱落水状

图 133　灰飞虱

图 134　灰飞虱危害状

图 135　稻叶蝉卵

图 136　稻叶蝉若虫

图 137　稻黑尾叶蝉成虫

图 138　稻黑尾叶蝉若虫

图 139　稻二点黑尾叶蝉成虫

图 140　稻二点黑尾叶蝉成虫

图 141　稻蓟马若虫

图 142　稻蓟马成虫

图 143　稻蓟马受害叶片

图 144　稻蓟马大田危害状

图 145　稻绿蝽

图 146　稻棘缘蝽

图 147　稻长肩棘缘蝽

图 148　水稻大绿蝽

水稻主要病虫害防控关键技术解析

主　编
黄世文

编著者
黄世文　王　玲
赖凤香　刘连盟

金盾出版社

内 容 提 要

本书是由中国水稻研究所的专家编写。主要包括：我国水稻生产和病虫害发生及防治现状，水稻主要病虫害识别与防控，水稻主要病虫害傻瓜式防控技术和农药基本常识及混用配比方法。作者根据多年一线生产的经验和稻农反映的问题，不断总结积累而编著，语言通俗易懂，深入浅出，可操作性强。适合各水稻种植人员参考，也适用于农业院校相关专业师生及农业技术推广人员阅读使用。

图书在版编目(CIP)数据

水稻主要病虫害防控关键技术解析/黄世文主编．-- 北京：金盾出版社，2010．3
ISBN 978-7-5082-6216-1

Ⅰ．①水…　Ⅱ．①黄…　Ⅲ．①水稻—病虫害防治方法　Ⅳ．①S435．11

中国版本图书馆 CIP 数据核字(2010)第 025940 号

金盾出版社出版、总发行
北京太平路 5 号(地铁万寿路站往南)
邮政编码：100036　电话：68214039　83219215
传真：68276683　网址：www.jdcbs.cn
封面印刷：北京精美彩色印刷有限公司
彩页正文印刷：北京印刷一厂
装订：兴浩装订厂
各地新华书店经销
开本：850×1168 1/32　印张：7.375　彩页：36　字数：156 千字
2010 年 3 月第 1 版第 1 次印刷
印数：1～10 000 册　定价：16.00 元

前　言

“民以食为天，食以稻为先”。水稻是我国最主要的粮食作物和60%以上（约8亿）人口的主食，近5年我国水稻平均播种面积2 891.5万公顷，平均总产量18 411.3万吨，分别约占全国粮食作物播种面积和总产量的29%和40%。水稻的生产在很大程度上制约着我国的粮食市场走势和粮食安全，有“稻丰收国无忧”之喻，可见水稻在保障我国粮食安全和国家、社会稳定中占有举足轻重的地位。目前，我国水稻生产总体形势很好，经过长期不断地努力，水稻产量和品质都有了较大提高。但随着工业化和城镇化的发展、人口增加、耕地面积减少、水资源短缺、气候变化异常和自然灾害频发等因素影响，使我国的水稻生产面临着严峻的挑战。

水稻病虫害是影响水稻高产、稳产和优质生产的重要因素。据统计，近年我国水稻病虫害年发生面积超过11 596万公顷，损失率高达15%～30%。如果不防治病虫害，可造成早稻平均产量损失31.7%，晚稻损失59.5%，中稻损失62.8%。防治方法不当乱用农药，会造成环境污染，使稻谷中农药残留超标，极大地影响粮食生产和食品安全。

近年来，由于受气候、种植制度、栽培方式、生态环境和品种多样化等因素的综合影响，水稻病虫害暴发频繁。我国水稻病虫害呈稳定性大发生，危害程度加重，防控压力增大，严重威胁水稻生产安全。经过努力防控，我国已将水稻病虫害造成的损失率整体控制在8%左右，每年挽回稻谷损失3 755万～4 676万吨。按平均每千克稻谷1.7元计算，每年挽回经济损失638.35亿～794.97亿元人民币。尽管采取了各种措施进行大力防控，但近年我国每年仍因病虫危害造成500万～600万吨的稻谷损失，折合人民币85亿～102亿元。

水稻病虫害防治是一门较为复杂的技术，直接影响防治效果。对水稻病虫害的防治，首先需了解病虫害的发生、发展、流行规律及其与气候、肥水、栽培措施和生态因子的关系，然后从农业生态系统的整体出发，利用抗性品种、生物多样性、农业措施、生物防治和物理防治等手段，充分发挥作物、天敌、环境等因素的综合功能，正确选择化学或生物药剂，将水稻病虫害造成的损失控制在经济阈值以下。

当前，我国农村发生了很大的变化，稻作生产模式呈现多样化。一些经济发达地区，由于乡镇企业发达，大部分农村劳动力进入乡镇企业成为工人，土地基本收归集体，有的以农场、有的以公司、有的以公司加农户的方式经营，有的转包给种粮能手，使其成为承包大户。这些经营模式和种粮大户，他们的生产经验丰富、有一定的知识，掌握技术和操作能力较强，生产的粮食多以商品化为主。但是，我国大部分农村，尤其是中西部经济欠发达地区，土地多为一家一户承包经营，生产的粮食多以满足自己食用为主。这些地区由于工厂、企业少，大部分有知识、有文化的青壮年劳动力都外出务工，剩下来的劳动力多为妇女、儿童和老人。他们体力差、文化水平不高、素质低，对于新知识、新技术，特别是一些较为复杂的新东西的学习、掌握能力差、速度慢。表现出“技术难推广、病虫难防治”的两难状况。现行的水稻病虫害防治急需要一些简便、易掌握、易操作的“傻瓜”式技术。笔者根据多年从事水稻病虫害研究和防治的生产实际，借鉴前人的知识和经验，针对目前我国大部分农村的实际情况及迫切需要解决的问题，为满足新形势下植保工作的需要，探索更经济、高效、符合生产实际的病虫害防治模式，编写了《水稻主要病虫害防控关键技术解析》这部有关植保知识和水稻主要病虫害“傻瓜”式简便防治的书。其对象主要是基层农技人员、种粮大户和稻农。

本书力图将最近、最新的有关水稻病虫害及其防控的知识、技术、方法、产品、数据、规则、规范等介绍给广大基层农技人员和稻农。但科学技术飞速发展，各种知识、技术更新频繁，书中内容难免过时。因我国幅员辽阔，稻作生态环境、气候条件相差很大，耕作、栽培制度很不相同，水稻病虫害的发生、流行和危害千差万别。但总的来说，常发和危害较重的病虫害各有10多种。本书所列的主要病虫害只是就全国范围而言，对个别稻作生态区发生流行、危害严重的病虫害未及介绍，敬请谅解，并请参阅其他相关资料。由于笔者水平有限，加之时间仓促，错漏之处在所难免。敬请读者提出宝贵意见和建议，以便修订完善。

本书在编写过程中得到中国水稻研究所傅强研究员的指导，本书的出版发行得到了国家农业行业专项“三大作物纹枯菌种类与寄主抗性的鉴定技术”(nyhyzx3－16)，“杭州市新世纪131优秀中青年人才”第一层次培养基金等的支持，在此表示衷心感谢。

编著者

目　录

第一章　我国水稻生产和病虫害发生及防治现状

一、近年我国水稻生产情况

水稻是我国最主要的粮食作物。我国粮食总体状况是“丰年有余，歉年不足”。我国水稻播种面积和总产量从 1997～2008 年的 12 年间呈现出“V”形变化。1997～2003 年的 6 年，不论是水稻的播种面积还是总产量均逐年减少。播种面积从 1997 年的 3 176.59 万公顷下降到 2003 年的 2 650.79 万公顷，水稻总产量则由 20 073.60 万吨下降到 16 065.50 万吨。这一水稻总产量已经严重地影响到国家的粮食安全。近年来，粮食特别是水稻生产得到党和政府的高度重视，出台了一系列扶农惠农政策，使农民的种粮积极性大大提高。从 2004 年起，水稻播种面积连年增加（只有 2007 年总播种面积比 2006 年略有下降，但总产量却比 2006 年增加，这主要归功于单产提高的缘故），总产量连续 5 年增产（2004～2008 年），据预测，2009 年又是一个丰收年。

我国水稻年播种面积保持在 2 900 万公顷左右，约占全国粮食作物播种面积的 29%，产量却占粮食总产量的 40%左右。水稻在保障我国粮食安全和国家、社会稳定中占有举足轻重的地位。表 1-1 是近 10 年我国水稻播种面积、单产和总产，表 1-2 列出了 2008 年全国主要稻区各省（直辖市、自治区）水稻播种面积。

表 1-1 1995～2008 年全国水稻播种面积-单产-总产量

年 份	全国水稻总体情况		
	播种面积 （万公顷）	产量/公顷 （千克）	总产量 （万吨）
1995	3074.41	6025.50	18522.7
1996	3140.63	6211.50	19510.2
1997	3176.59	6319.50	20073.6
1998	3121.43	6366.00	19871.2
1999	3128.39	6345.00	19848.9
2000	2996.19	6271.50	18790.8
2001	2881.25	6163.50	17758.1
2002	2820.13	6189.00	17454.0
2003	2650.79	6060.00	16065.5
2004	2837.90	6310.50	17908.8
2005	2884.74	6261.00	18059.2
2006	2929.48	6232.50	18257.1
2007	2891.88	6433.50	18603.4
2008	2913.30	6600.00	19227.8

表 1-2 2008 年各省(直辖市、自治区)水稻播种面积 (万公顷)

产 区	地 区	面 积	产 区	地 区	面 积
东北稻区	黑龙江	165.03	长江中下游稻区	湖 北	207.74
	吉 林	65.40		江 西	312.90
	辽 宁	56.84		安 徽	214.91
北方稻区	天 津	1.67		江 苏	220.93
	宁 夏	7.13		浙 江	102.85
	陕 西	14.71		上 海	11.27
	新 疆	6.93	南方稻区	湖 南	379.52
	内蒙古	8.45		广 西	236.04
西南稻区	重 庆	74.29		广 东	213.76
	四 川	208.75		福 建	95.16
	贵 州	72.17		海 南	30.04
	云 南	104.93	合 计		2811.42

注:目前,水稻主产省、自治区、直辖市按播种面积排名为:湖南、江西、广西、江苏、安徽、广东、四川、湖北、黑龙江、云南、浙江、福建、重庆、贵州、吉林、辽宁、海南

二、水稻潜力产量和实际产量

水稻的潜力产量是指在最佳环境条件下生长的水稻所能产出的最高产量。对近年全国不同稻区、不同水稻品种的区试产量、试验示范产量和农民大田生产中的实际产量进行调查、统计和分析。结果显示,全国所有区试产量和示范产量都普遍比农民实际种植的产量高 1 260.0～1 920.0 千克/公顷。造成这一结果的原因是多方面的,而栽培技术的配套、完善、创新发展和病虫害的高效防控,是水稻品种产量潜力实现的根本保障。

(一)目前我国水稻实际产量与潜力产量差距较大

有农民朋友可能会问,我种植的水稻品种(组合)的产量与品

种说明书上的产量有较大差异。这并不奇怪。同样的品种(组合)在不同地方种植,由不同人种植,其产量差异都是存在的。目前,水稻在最优化条件下种植的世界最高产量是:2006 年云南省永胜县创造的超级杂交稻组合“协优 107”通过采用“水稻精确定量栽培”新技术种植,每公顷产量达到 19 305 千克。但在大面积生产中,由于受各种外界因素影响,水稻单产实际产量远未达到其潜力产量。因此,在水稻品种(组合)已确定的前提下,加强、改进和完善水稻栽培管理和病虫害防治,是达到最大水稻产量潜力的保障。

当前,一般的超级杂交稻组合潜力产量每公顷都在 12 吨左右,但在种植超级稻的生产实际中却远远达不到品种的潜力产量。在我国南、北方稻区,即使与品种的区试产量相比也有较大的差距。据全国品种区域试验(品种区域试验的种植模式与农民惯常种植方式类似,而且布点多,基本反映了品种的单产潜力)的结果显示,南方早稻单产增加的潜力为 1 425 千克/公顷,中稻为 1 560 千克/公顷,晚稻为 1 260 千克/公顷。北方单季稻区单产的增加潜力为 1 890 千克/公顷,即有 18.2%～21.6%的增产幅度(表 1-3)。假设在大面积生产技术措施到位的前提下,按单产潜力增加 50%的保守估计,南方早稻单产可增加 712.5 千克/公顷,中稻可增加 780 千克/公顷,晚稻可增加 630 千克/公顷,南方水稻单产总体上平均可增加 705 千克/公顷,北方稻区可增加 945 千克/公顷。

表 1-3　近年全国水稻实际产量与示范、区试平均产量

(单位:千克/公顷)

区　域	稻类型	生产上实际平均单产	示范平均产量	区试平均单产	可挖单产潜力
南方稻区	早　稻	5325	7200	6750	1425～1875
	中　稻	7020	8940	8580	1560～1920
	晚　稻	5580	7425	6840	1260～1845
北方稻区	中　稻	6855	—	8745	1890

中国水稻研究所的试验结果也证明，超级杂交稻“协优 9308”在浙江省的区试产量仅为 9 750 千克/公顷左右。而在实施国家农业跨越计划项目中，通过技术集成应用的浙江新昌示范点，在 2001 年和 2002 年的 6.87 公顷示范田中，平均每公顷产量分别为 11 947.5千克和 11 838.0 千克，增产幅度达 1 500 千克/公顷以上。

另据湖南省统计，生产上大面积种植的超级杂交稻平均产量为 6 840 千克/公顷，与其潜力产量 12 000 千克/公顷相比，还有 5 160 千克/公顷的潜力，增产幅度可达 43%(图 1-1)。实践表明，品种产量潜力是基础，产量潜力的最大化实现需要栽培、植保技术创新与集成配套作保障。

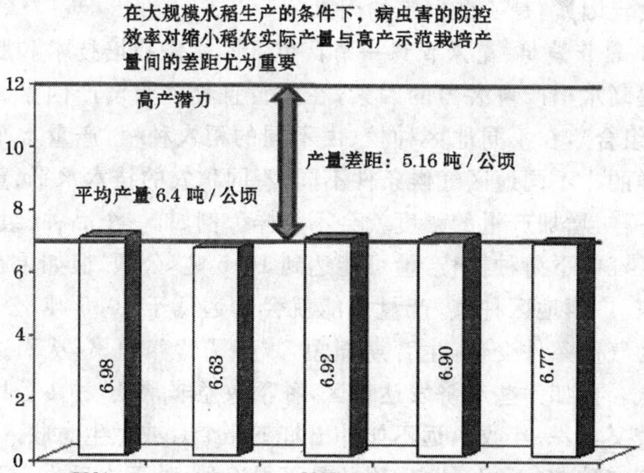

图 1-1 超级杂交稻潜力产量与实际(农民)产量差异

(摘自马国辉博士)

(二)造成差距较大的主要原因

造成水稻生产中实际产量与潜力产量(区试产量、示范产量)

差距较大的原因有很多。除水稻品种(组合)本身遗传特性、适应性外,主要就是水稻生产过程中受各种外界环境条件,如栽培技术、肥水管理、气候(温度、光照)、有害生物(病虫草害)等因素影响,水稻未能在较理想的环境条件下生长,从而制约了其产量潜力的发挥。

1. 品种(组合)特性—产量潜力因素 常言道“种瓜得瓜、种豆得豆”,说明有什么样的品种才能产出什么样的后代和多高的产量。对于某一个水稻品种、杂交组合而言,其特性、潜力产量是遗传的、已确定的,在品种选育时就已经定型了的。一旦稳定了就无法改变,除非再对其进行改良或发生变异。品种(组合)是潜力产量的决定因素,是一个恒定的因素。

2. 耕作栽培、肥水管理—增产因素 耕作栽培技术和肥水管理是提高水稻产量潜力的因素,在此暂且称之为增产因素。同一品种(组合),在不同地区种植、由不同的稻农种植,产量水平也是不一样的。不同地区气候条件不同,不同稻农的技术水平、重视程度不一样,增加产量的幅度就会不一样。例如,一个品种(组合)适合在长江中下游种植,产量可能达到 10.5 吨/公顷,但如果在南方的广东、广西地区种植,产量可能就会远远低于 10.5 吨/公顷,这是因为气候条件变化,生育期缩短,减少了营养积累,从而造成产量降低。再如一些经济发达地区,种稻效益非常低,种 1 公顷水稻既辛苦又累,一年收入远不如外出打工几个月或做生意收入高,但政府又有种植(面积)任务,因此是不得不种,种下去后也不重视管理,产量自然要比专注水稻生产(种粮大户)的产量低。

3. 有害生物防控—减损因素 有害生物在此主要指病虫草害(下同),这是造成水稻实际产量降低的重要因素。据对全国 18 省(直辖市、自治区)46 县(市)1 781 位基层农技人员进行的书面调查,农技员把病虫害列为影响水稻高产、稳产和优质生产的第三大因素。对水稻有害生物的防治主要是减少产量损失,使实际产量最大限度地接近潜力产量水平。

三、我国水稻病虫害发生趋势

我国幅员辽阔，气候、环境多样，水稻品种繁多、耕作栽培制度复杂，造成各稻作生态区的病虫害发生、流行、危害差异很大。水稻重大病虫害发生范围不断扩大，暴发频率不断提高，危害程度不断加重，危害损失不断增加，已经对我国水稻安全生产构成了严重威胁。

2006～2007 年，通过农业部水稻科技入户工程项目，对全国 18 省（直辖市、自治区）46 个示范点的农技员，采用问卷调查的方式进行调查，总共寄出 2 300 份调查表，寄回 1 781 份，回收率 77.4%。对调查结果进行统计分析，在农技员看来，全国各地早、中、晚稻主要病、虫、草害见表 1-4。

表 1-4　全国各稻区主要病虫草害

内容	早稻	中稻	晚稻
主要病害	纹枯病、稻瘟病、恶苗病和条纹叶枯病	纹枯病、稻瘟病、稻曲病和条纹叶枯病	纹枯病、稻瘟病、稻曲病和细菌性条斑病
主要害虫	螟虫、稻纵卷叶螟、稻飞虱	螟虫、稻飞虱、稻纵卷叶螟	螟虫、稻飞虱、稻纵卷叶螟
主要杂草	稗草、鸭舌草、千金子、矮慈姑、水莎草	稗草、鸭舌草、千金子、水莎草、矮慈姑	稗草、鸭舌草、千金子、矮慈姑、水莎草

（一）华南稻作区（福建、广东、广西、海南）

稻飞虱、稻纵卷叶螟、螟虫、稻纹枯病、稻瘟病是主要病虫害。东亚飞蝗、福寿螺、稻曲病、普通矮缩病、胡麻叶斑病等的发生危害在局部呈上升趋势。

(二)长江上游稻作区(四川、重庆、云南、贵州)

螟虫、稻瘟病、稻飞虱、纹枯病等为主要病虫害,其发生面积占90%左右。次要病虫害有所上升,稻蝗已成为部分县、区的常发性害虫;2005年成都市稻曲病发生面积达7.70万公顷,损失稻谷418.5万千克,四川全省发生面积26.18万公顷,实际损失稻谷1 478.1万千克。

(三)长江中下游稻作区(湖南、湖北、江西、安徽、江苏、浙江、上海)

二化螟、纹枯病、稻纵卷叶螟、稻飞虱、条纹叶枯病、三化螟、稻瘟病发生危害最重,是主要病虫害。部分稻区一些年份白叶枯病、细菌性条斑病、稻曲病、穗腐病发生危害严重。

(四)东北稻作区(黑龙江、吉林、辽宁)

穗茎瘟、二化螟和稻水象甲为主要病虫害。稻曲病、穗腐病、纹枯病逐年上升。

(五)近年我国水稻主要病虫害发生危害情况

病虫害是影响水稻高产、稳产、优质生产的重要因素之一。据联合国粮农组织的研究结果,全球农作物有害生物在不防治的情况下,20世纪60年代造成的产量损失率为34.3%,目前为42.1%。其中害虫造成损失13%~16%,病害12%~13%,杂草10%~13%。

1. 水稻病虫害及造成的产量损失 我国水稻重大病虫害常年发生面积年8 000万~8 667万公顷。水稻主要病虫害中,螟虫(二化螟、三化螟)发生面积2 267万~2 533万公顷;迁飞性害虫稻飞虱1 667万~1 800万公顷,稻纵卷叶螟1 800万~1 933万公顷。稻瘟病局部重发流行,面积520万~547万公顷;纹枯病发生1 467万~1 600

万公顷;水稻条纹叶枯病和黑条矮缩病因近几年灰飞虱越冬基数较高,发生流行逐年扩大,目前发生面积在227万～240万公顷。稻瘿蚊、稻水象甲、细条病、稻曲病等次要病虫害在局部稻区、不同年份、不同生长季节发生仍将继续扩大,危害加重。一般情况下如果不防治水稻病虫害可造成20%产量损失,严重发生时可造成50%以上的产量损失。

目前,在我国水稻生产上发生的病害有30多种、害虫30多种、稻田杂草10多种。但造成产量损失较大的病、虫害各只有10多种。我国地域辽阔,气候生态环境差异很大,自然灾害发生频繁。病虫害每年都会发生危害,严重程度年度间、地区间、品种(组合)间差异较大。水稻病虫害发生后重视与否、防与不防,防治及时准确与否、技术到位率高低等与防治效果及挽回产量损失高度相关,表1-5显示我国近年水稻病虫害发生面积、防治面积,挽回产量损失及实际产量损失情况。

表1-5　近年我国水稻病虫害发生、防治面积及产量损失[a]

(面积:万公顷,损失产量:万吨)

年　份	发生面积	防治面积	总产量
2005	10910.49	15875.48	18059.2
2006	11368.20	17230.77	18257.1
2007	11886.47	18197.32	18603.0
2008	12219.03	19262.82	19227.8

年　份	挽回损失	挽回损失率(%)[b]	实际损失	实际损失率(%)[a]
2005	3754.98	85.63	630.39	3.49
2006	4512.52	88.75	572.18	3.13
2007	4491.27	88.97	556.70	2.99
2008	4676.31	88.89	584.45	3.04

*：表中数字来自农业部《全国植保专业统计资料》

b：挽回损失率(%)=[挽回损失/(挽回损失+实际损失)]× 100；实际损失率(%)=(实际损失/总产量)× 100

2. 水稻病虫害发生后防治与否对产量影响巨大 由表 1-5 可以看出，2005～2008 年，如果不采取措施防治病虫害，全年水稻产量损失在 4 385.37 万～5 260.76 万吨，损失率为 24.28%～27.85%；通过防治后，实际产量损失为 556.7 万～630.39 万吨，实际损失率 2.99%～3.49%，挽回产量损失 3 754.98 万～4 676.31万吨，挽回损失率 85.63%～88.97%。按平均每千克稻谷 1.7 元计算，每年挽回经济损失 638.35 亿～794.97 亿元人民币。如果把损失率再降低 3 个百分点，每年可再挽回稻谷损失 500 万吨以上(约 85 亿元)，提高水稻单产 187.5 千克/公顷以上。

由此可见，防治病虫害是挖掘水稻产量潜力、提高产量水平最直接、最有效的措施之一。在水稻有害生物防治上效益非常明显，一般的，每投入 1 元费用防治病虫害，可获得 3～4 元的收益(回报)。对稻农而言投入产出比较高，有较好的经济效益；对国家、社会而言，提高了水稻产量，增加了国家粮食，具有很高的社会效益。

表 1-6 展示的是近年我国水稻主要病虫害发生、防治面积，挽回产量损失和实际产量损失。从表 1-6 中可以看出，在病害方面，不论是发生面积还是造成的产量损失纹枯病都是第一位的，其次是稻瘟病。害虫方面，不论是发生面积还是造成的产量损失稻飞虱均居第一位，发生面积稻纵卷叶螟居第二位，二化螟排名第三；但造成的产量损失 2005～2006 年二化螟高于稻纵卷叶螟，居第二位，稻纵卷叶螟居第三位；2007 年稻纵卷叶螟造成的产量损失高于二化螟，居第二位，二化螟居第三位。

表 1-6　近年我国水稻主要病虫害发生、防治面积，挽回产量损失及实际产量损失　(单位:万公顷、万吨)

年　份	病虫害	发生面积	防治面积	挽回损失	实际损失
2005	稻瘟病	560.10	1153.08	266.05	63.42
	纹枯病	1624.60	2462.36	595.55	130.24
	白叶枯病	54.35	78.99	20.94	9.02
	其他病害	837.89	1275.44	292.99	36.62
	病害小计	3076.88	4969.86	1175.21	239.30
	二化螟	1806.21	2333.05	544.46	84.55
	三化螟	506.74	753.29	120.62	24.26
	稻纵卷叶螟	2034.60	2744.52	586.27	67.11
	褐稻虱	1144.70	1991.45	671.87	105.48
	其他稻飞虱	1431.88	2110.29	513.71	82.59
	稻蝗虫	140.40	124.67	198.66	4.38
	水稻黏虫	29.34	33.46	5.86	1.01
	其他害虫	739.72	814.75	117.12	21.69
	害虫小计	7833.61	10892.28	2579.77	391.09
	病虫害合计	10910.49	15875.48	3754.98	630.39
2006	稻瘟病	554.97	1227.10	342.32	50.50
	纹枯病	1653.36	2587.71	583.79	109.66
	白叶枯病	43.69	88.70	15.33	2.90
	其他病害	740.93	1373.12	341.68	37.13
	病害小计	2992.95	5276.63	1283.12	198.99
	二化螟	1731.72	2211.59	499.77	67.91
	三化螟	414.67	674.47	88.00	14.47
	稻纵卷叶螟	2094.61	2889.13	561.94	58.09
	褐稻虱	1667.73	2896.05	1226.66	130.18

续表 1-6

年 份	病虫害	发生面积	防治面积	挽回损失	实际损失
2006	其他稻飞虱	1604.98	2313.26	740.13	76.27
	稻蝗虫	122.09	88.36	16.51	5.87
	水稻黏虫	19.82	24.76	3.99	0.79
	其他害虫	719.63	856.52	92.39	20.33
	害虫小计	8375.25	11954.13	3229.40	373.20
	病虫害合计	11368.20	17230.77	4512.52	572.18
2007	稻瘟病	446.71	1107.54	172.63	34.24
	纹枯病	1717.91	2767.28	656.26	109.27
	白叶枯病	59.07	99.20	19.84	3.58
	其他病害	761.35	1463.05	330.37	41.52
	病害小计	2985.04	5437.07	1179.10	188.60
	二化螟	1597.74	2127.20	462.56	60.46
	三化螟	332.89	470.10	67.06	10.16
	稻纵卷叶螟	2619.58	3969.73	968.13	108.26
	褐稻虱	1573.30	2570.57	833.89	80.88
	其他稻飞虱	1795.59	2550.39	835.75	85.83
	稻蝗虫	132.32	117.98	16.21	3.63
	水稻黏虫	21.98	27.61	4.09	0.71
	其他害虫	828.02	926.66	124.48	20.12
	害虫小计	8901.43	12760.25	3312.18	368.11
	病虫害合计	11886.47	18197.32	4491.27	556.70

注:表中数字来自农业部《全国植保专业统计资料》

另据 2005 年一些省份调查统计结果,早稻如果不防治病虫害,可造成稻谷损失 19.01%～47.9%,平均 31.7%;晚稻不防治,可造成稻谷损失 20.0%～98.9%,平均 59.5%;中稻不防治,平均损失为62.8%。用不同的品种（组合）进行试验，结果证明，早稻、中稻和晚稻在病虫害发生较严重时，按照常规预测预报施药进行完全防治（完全防治，下同）和完全不施药防治（完全不防，下同）的情况下，不同季稻、同季稻的不同品种（组合）对水稻的产量影响和防治效益都不一样。

(1)早稻　用水稻品种"神农101"和杂交水稻组合"田两优6"进行病虫害防控试验，在按照常规预测预报完全施药进行防治（完全防治）和完全不施药防治（完全不防）进行比较。

①神农101　在完全防治情况下产量为8 995.2千克/公顷，完全不防治产量为7 285.2千克/公顷，产量损失1 170.0千克/公顷，损失率为19.01%；防治病虫害投入经费（农药费和打药人工费）817.06元/公顷，挽回经济损失2 394.0元/公顷，投入产出比为1∶2.93。

②田两优6　进行病虫害试验结果显示，完全防治产量为7 012.02千克/公顷，完全不防治产量为5 320.02千克/公顷，产量损失1 692.0千克/公顷，损失率为24.13%；防治病虫害投入1 005.0元/公顷，挽回损失3 045.6元/公顷，投入产出比为1∶3.03。

(2)中稻　用杂交水稻组合"两优1169"和"II航优2号"进行病虫害防控试验。

①两优1169　完全防治产量为7 725.0千克/公顷，完全不防治产量为2 892.0千克/公顷，产量损失4 983.0千克/公顷，损失率为62.56%；防治病虫害投入820.5元/公顷，挽回损失9 666.0元/公顷，投入产出比为1∶7.84。

②II航优2号　完全防治产量为9167.7千克/公顷，完全不防产量为5 486.85千克/公顷，产量损失3 680.85千克/公顷，损失率为40.15%；防治病虫害投入1 560.0元/公顷，挽回损失6 993.6元/公顷，投入产出比为1∶4.48。

(3)晚稻　用杂交水稻组合昌优10号进行病虫害防控试验。

在完全防治情况下产量为 6 864.84 千克/公顷，完全不防治产量为2 946.39千克/公顷，产量损失 3 918.45 千克/公顷，损失率为57.08%；防治病虫害投入 1 190.72 元/公顷，挽回损失 7 680.15 元/公顷，投入产出比为 1∶6.45。

试验结果表明，早稻病虫害完全防治和完全不防治之间产量损失差异较小，损失率低于 25%，投入产出比较低，小于 1∶4.0。中稻和晚稻完全防治和完全不防治产量损失差异较大，损失率高于 40%，投入产出比也较高，高于 1∶4.0。

3. 单个水稻病虫害对产量的影响 前文提到，在我国水稻上发生的病、虫害虽各有 30 多种，但对产量影响较大的主要病虫害也就各 10 多种。病害方面主要有纹枯病、稻瘟病、白叶枯病（包括细菌性条斑病）、条纹叶枯病、稻曲病。害虫方面主要有飞虱（褐稻虱、白背飞虱、灰飞虱）、稻纵卷叶螟、螟虫（二化螟、三化螟）等。

水稻“三虫二病”（飞虱、稻纵卷叶螟、螟虫，纹枯病、稻瘟病）一直都是水稻上的主要病虫害，每年水稻病虫害发生虽有所变化，但“三虫二病”对水稻产量影响仍然很大。

（1）单个病虫害对早稻的影响 以品种“神农 101”进行试验。防治与不防治单个主要病虫害发生危害情况。

第一代螟虫防治区的枯心率为 0.00%～0.96%，未防治的枯心率在 1.44%～3.80%；二代螟虫防治区的白穗率在 0.00%～1.60%，未防治的白穗率达 4.60%；第二代稻纵卷叶螟防治区的卷叶率为 10.00%；未防治的卷叶率为 67.00%。

防治田稻飞虱百丛虫量 320 只，未防治田稻飞虱百丛虫量2 630只。

防治区纹枯病病株率为 28.0%，未防治田为 62.5%。试验田未发现叶稻瘟及穗颈瘟（表 1-7）。

表 1-7 不防治时各种病虫害发生情况 (2005 年)

处 理	二化螟		稻纵卷叶螟		三化螟		稻飞虱		纹枯病	
	调查丛数	枯心株率(%)	调查叶数	卷叶率(%)	调查株数	白穗率(%)	调查丛数	百丛虫量	调查株数	病株率(%)
不防治螟虫	208	2.90	500	22	300	3.66	200	680	200	62.5
不防治稻飞虱	208	1.44	500	27	—	—	200	2460	200	32.0
不防治卷叶螟	357	0.56	500	56	—	—	200	1200	200	35.5
不防治稻瘟病	—	—	500	32	300	1.60	200	920	200	29.0
不防治纹枯病	—	—	500	32	300	0.66	200	1870	200	31.0
常规防治区	208	0.96	500	10	300	0.33	200	380	200	28.0
完全不防治区	208	0.96	500	67	300	4.66	200	2630	200	62.5

对某单个主要病虫害不防治，其他病虫害按常规进行防治的情况下对水稻产量的影响，见表 1-8。

不防螟虫区每公顷损失产量 390 千克，损失率 4.33%；

不防稻瘟病区损失产量 36 千克/公顷，损失率 0.4%。由于本案例稻瘟病未发生，对产量影响较小；

不防稻飞虱区损失产量 465 千克/公顷，损失率 2.5%；

不防纹枯病区损失产量 210 千克/公顷，损失率 2.33%；

不防卷叶螟区损失产量 517.5 千克/公顷。损失率 5.75%。

表 1-8 单个病虫害对水稻产量的影响 (2005 年)

处 理	有效穗(丛)	结实率(%)	千粒重(克)	理论产量(千克/公顷)	稻谷损失(千克/公顷)	损失率(%)	挽回产量(千克/公顷)
不防治区	18.5	72.96	24.55	7284.00	1710.00	19.01	0.00
不防治螟虫区	15.0	84.18	23.9	8604.00	390.00	4.33	1320.00
不防治稻瘟病	15.5	83.10	26.05	8958.00	36.00	0.47	1674.00
不防治稻飞虱	13.0	86.99	24.85	8529.00	465.00	2.5	1245.00
不防治纹枯病	15.5	84.20	25.5	8784.00	210.00	2.33	1500.00
不防治卷叶螟	13.0	80.97	25.8	8476.50	517.50	5.75	1192.50
常规防治区	16.5	61.60	27.7	8994.00	0.00	0	1710.00

防治不同病虫害投入产出比不一样，经济效益不同(表1-9)。

表1-9 防治不同病虫害的经济效益 (2005年)

处　理	挽回损失(元/公顷)	施药次数	防治成本(元/公顷)			投入产出比
			用工费	农药费	合　计	
常规防治	1710.00	3	225.00	817.50	1042.50	1∶1.64
防治稻瘟病	1674.00	2	150.00	105.00	255.00	1∶6.56
防治纹枯病	1500.00	2	150.00	36.00	186.00	1∶8.06
防治卷叶螟	1192.50	2	150.00	195.00	345.00	1∶3.46
防治螟虫	1320.00	2	150.00	390.00	540.00	1∶2.44
防治稻飞虱	1245.00	2	150.00	136.50	286.50	1∶4.35

防稻瘟病2次挽回经济损失2 343.6元/公顷，投入产出比1∶9.19；

防纹枯病2次，挽回经济损失2 100元/公顷，投入产出比1∶11.29；

防卷叶螟2次，挽回经济损失1 669.5元/公顷，投入产出比1∶4.84；

防螟虫2次，挽回经济损失1 848元/公顷，投入产出比1∶3.42；

防稻飞虱2次，挽回经济损失1 743元/公顷，投入产出比1∶6.08。

早稻：防治用工按每公顷75元计，早稻谷价按70元/50千克。

(2)单个病虫害对中稻的影响　以杂交稻组合两优1169进行试验，在对单个主要病虫害不防治的情况下的发生、危害不同。

在完全不防治的情况下各种病虫草害发生危害最严重，某单个病虫害或杂草不防治，其发生危害仅次于完全不防治(表1-10)。

表 1-10 单个病虫害及杂草的发生危害 (2008 年)

处理	杂草		卷叶	稻飞虱		纹枯	二化
	密度(株/米²)	鲜重(克/米²)	卷叶率(%)	虫量(只/百丛)	穿顶倒伏率(%)	病株率(%)	白穗率(%)
不除草	48.3	48.7	3.4	180	0	5	1.2
不防治纵卷叶螟	10.2	7.8	59.1	100	0	4.5	2.4
不防治稻瘟病	9.6	6.5	4.8	170	0	4.8	0.9
不防治稻飞虱	6.4	5.8	3.6	2100	63	3	1.8
不防治纹枯病	7.5	4.2	4.2	450	8	45.5	1.5
不防治螟虫	5.8	8.2	3.8	300	0	4.6	6.6
完全防治	7.3	6.3	3.9	300	0	3.7	0
完全不防治	58.5	59.3	63.8	3200	69	56.5	7.1

与完全防治相比,完全不防治病虫害对水稻产量影响最大,会造成 62.56%的产量损失,其次是不防治稻飞虱,会造成 55.17%的产量损失,不防治纹枯病会造成 27.17%的产量损失,不防治螟虫和稻纵卷叶螟分别造成 18.91%和 16.37%的产量损失(表 1-11)。

表 1-11 单个病虫害及杂草对水稻的影响 (2008 年)

处理	分蘖(株)	穗粒数	结实率(%)	千粒重(克)	产量(千克/公顷)	减产(千克/公顷)	减产率(%)
不除草	14.0	179.3	76.7	25.5	7365.00	360.00	4.66
不防治纵卷叶螟	14.0	171.2	75.5	23.8	6460.50	1264.50	—16.37
不防治稻瘟病	14.0	185.5	79.5	23.8	7371.00	354.00	—4.58
不防治稻飞虱	13.6	174.1	42.4	23.0	3463.50	4261.50	—55.17
不防治纹枯病	14.0	185.1	58.6	24.7	5626.50	2098.50	—27.17

续表 1-11

处理	分蘖（株）	穗粒数	结实率（%）	千粒重（克）	产量（千克/公顷）	减产（千克/公顷）	减产率（%）
不防治螟虫	13.6	187.8	68.7	23.8	6264.00	1461.00	－18.91
完全防治	14.0	182.5	81.6	24.7	7725.00	0	0
完全不防治	13.4	152.6	41	23.0	2892.00	4833.00	－62.56

与完全不防治相比，防治稻飞虱效益最好，投入产出比达到1∶236.75，其次是化学除草、防治螟虫和纹枯病，投入产出比分别是1∶32、1∶21.64和1∶14.20，完全防治投入产出比为1∶7.84（表1-12）。

表 1-12　水稻病虫害防治效益　（单位：元/公顷，2008年）

处理	农药成本	人工费	成本合计	挽回损失	投入产出比
化学除草	18.00	4.50	22.50	720.00	1∶32
防治卷叶螟	432.00	247.50	679.50	2529.00	1∶3.72
防治稻瘟病	75.00	82.50	157.50	708.00	1∶4.50
防治稻飞虱	112.50	247.50	360.00	8523.00	1∶236.75
防治纹枯病	130.50	165.00	295.50	4197.00	1∶14.20
防治螟虫	52.50	82.50	135.00	2922.00	1∶21.64
完全防治	820.50	412.50	1233.00	9666.00	1∶7.84
完全不防治	0	0	0	—	—

注：稻谷按每千克2元计算；每公顷施药人工费82.5元；挽回损失（元）＝（所有病虫均防区单产－处理区单产）×2元/千克

（3）单个主要病虫害对晚稻的影响　以杂交稻组合“昌优10号”进行病虫害防控试验，调查单个主要病虫害发生危害和对水稻产量影响及防治的经济效益和投入产出比。

防治效果：经过喷药防治后，防治区第三代螟虫造成的枯心率为0.31％～0.36％，未防治区枯心率在9.47％～9.88％。4代螟虫防治区的白穗率在 0.10%～0.14%，未防治的白穗率达 2.93%～3.17%。第四代稻纵卷叶螟防治区的剑叶卷叶率为 2.05%～2.16%，未防治的剑叶卷叶率为 33.17%～35.46%。防治区稻飞虱虫量为 7.80～9.00 头/丛，未防治区稻飞虱虫量为 665～683 头/丛。纹枯病防治区病情指数在 3.09～3.38，未防治的病情指数在 38.56～40.32。稻曲病零星发生，稻瘟病在防治区和未防治区均未发生。

产量影响：完全防治区水稻产量为 6 864.84 千克/公顷，完全不防治区产量为 2 946.39 千克/公顷，损失产量达 3 918.45 千克/公顷，损失率达 57.08%，防治与不防治对晚稻产量有明显的影响。整个生育期完全不喷药防治，各种病虫危害严重。

不防治稻飞虱，其他病虫害按常规防治的损失产量 2 635.50 千克/公顷，损失率达 38.39%；不防稻纵卷叶螟，其他病虫害按常规防治的损失产量 829.65 千克/公顷，损失率 12.09%；不防螟虫，其他病虫害按常规防治的损失产量 205.95 千克/公顷，损失率达 3.00%；不防治纹枯病，其他病虫害按常规防治的损失产量 928.50 千克/公顷，损失率达 13.53%；不防治稻瘟病，其他病虫害按常规防治的损失产量 33.15 千克/公顷，损失率达 0.48%。

防治效益：按常规防治，共施药 5 次，挽回经济损失 7 680.15 元/公顷，投入产出比为1∶6.45；不防治稻瘟病，其他病虫害按常规防治的挽回经济损失7 615.20元/公顷，投入产出比为 1∶7.36；不防治纹枯病，其他病虫害按常规防治的挽回经济损失 5 860.35 元/公顷，投入产出比为 1∶5.94；不防治稻纵卷叶螟，其他病虫害按常规防治的挽回经济损失 6 054.00 元/公顷，投入产出比为 1∶9.30；不防治螟虫，其他病虫害按常规防治的挽回经济损失 7 276.50 元/公顷，投入产出比为 1∶8.03；不防治稻飞虱，其他病虫害按常规防治的挽回经济损失 2 514.60 元/公顷，投入产出比为 1∶3.03。（注：晚稻价格按 1.96 元/千克计算）。

4. 水稻病虫害及其造成的相关影响 进入21世纪，由于受气候、种植制度、栽培方式、生态环境、品种多样化等因素的综合影响，水稻病虫害暴发频繁，危害程度加重，防控压力增大，严重威胁水稻生产安全。近年来，我国水稻病虫害呈稳定性大发生，常年发生面积在1.07亿～1.20亿公顷。过去的主要病虫害，如稻飞虱、稻纵卷叶螟、二化螟、稻瘟病、纹枯病（常规“三虫两病”）等迁飞性、钻蛀性、流行性病虫害常年呈偏重至大发生。一些原来次要的病虫害，如条纹叶枯病、稻曲病、穗腐病、细菌性条斑病，稻瘿蚊、稻蝗、福寿螺和三化螟等在局部稻区、某些品种（组合）上大发生，对水稻产量造成严重影响。

水稻病虫害不仅直接影响水稻高产、稳产，降低稻米品质，减少稻农的经济收益，还会造成生态环境破坏、危害人畜安全健康。研究水稻病虫害的发生、演替规律与其他稻田生物环境（动物、水稻、杂草和微生物）和非生物环境（如肥、水、光、温、重金属和盐碱等）的互作关系，是水稻病虫害可持续控制，提高水稻产量和稻米品质，保护农业生态环境的前提和基础。

水稻病虫害的发生危害对稻田生态环境安全、稻米品质的影响，主要表现在两个方面：一是病虫害发生后要施用杀菌剂、杀虫剂等农药进行防治，农药对其他生物（特别是有益天敌生物）会造成影响、农药残留对稻田环境（土壤、水质和植被等）、对水稻植株（如作饲料可能进入食物链）、稻米及其加工产品会造成污染等；二是病原菌和害虫本身污染、危害对稻谷和稻米外观会造成影响，降低品质。某些病原菌会产生毒素直接影响稻米品质或危害有益生物，如稻曲病、穗腐病和稻粒黑粉病等病原菌可产生毒素，造成人、畜禽食用后中毒。

据2003年农业部稻米及制品品质质量监督检验测试中心的普查结果表明，我国稻谷的重金属、农药残留超标率达20.2%，其中重金属镉的超标率为11.0%，铅为4.7%；农药残留超标率甲胺磷为3.0%、三唑磷为2.6%、乐果为0.3%，乙酰甲胺磷和敌敌畏均为0.1%。长江流域的诸省除湖北外，均为中度或重度污染区，其中安徽、浙江、江西、湖南、四川等省均处于重度污染区。这与我国稻田过度（使用次数和使用量）使用农药有直接的关系。

四、我国水稻病虫害发生特点及防治中存在的问题

（一）近年水稻病虫等灾害发生特点

近年来我国水稻病虫害发生有几个新特点：一是发生范围不断扩大。如二化螟、三化螟等害虫分别比20世纪90年代初上升了43%和72%；二是发生频率提高。二化螟、三化螟、稻纵卷叶螟、稻飞虱等害虫在局部稻区连年大发生，三化螟在华南稻区迅速回升，稻曲病发生面积不断扩大，危害越来越严重；三是危害程度加重，二化螟、三化螟等的自然损失率与90年代初相比上升了2～3倍。

总体趋势是"小虫成大害，病虫害发生、危害逐年加重，某些病虫害个别年份持平，一些次要病虫害上升为主要的"。如蝗虫在南方有逐渐加重趋势，稻秆潜蝇在某些省份（如贵州）加重，检疫性害虫稻水象甲逐渐扩展。稻曲病、穗腐病、恶苗病发生面积和危害逐年加重，条纹叶枯病有蔓延并快速向南扩展的趋势（如江苏、浙江等地）。

1. 发生呈加重态势　由于水稻品种结构调整、品种类型变化、气候等自然条件的变化、病虫抗药性增加、偏施氮肥等多方面的原因，水稻病虫害发生有加重趋势。近年来，优质水稻面积增加较快，一般的，优质稻抗逆性（包括抗病虫性）较差。四川省的资料显示，1981～2000年四川省水稻病虫害发生面积由七五（1986～

1990年)期间的233.3万公顷左右,到八五(1991～1995年)期间326.6万公顷上下,到九五(1996～2000年)以后稳定超过346.6万公顷,仅10余年时间,病虫害发生面积增加了113.3万公顷以上。据调查统计,某市2004～2007年,病虫害发生面积与播种面积比分别为3.49、3.81、5.96和6.68,呈明显上升的势头。其中稻飞虱2004～2007年发生面积与播种面积比分别为0.81、0.87、1.42和1.61。

2. 危害损失相当严重 全国水稻病虫害发生、危害总的趋势是频繁地严重发生,一些病虫害在某些稻作区往往暴发成灾。根据四川省抽样调查结果,若不控制病虫害,七五期间年均损失稻谷59.5万吨,八五期间年均损失92.8万吨,比七五期间增加33.3万吨,九五期间年平均损失为144.2万吨,又比八五期间增加51.4万吨。其中稻瘟病造成水稻总产损失27%、纹枯病18%、稻飞虱9%、螟虫40%(其中三化螟9%、二化螟31%)、黏虫3%。

又以某市2005年水稻病虫害的发生情况为例,该市全年水稻种植面积21.52万公顷,主要病虫害发生面积336.83万公顷,如果不防治,可造成稻谷损失64.88万吨,价值9.34亿元,平均每公顷损失约3 000千克,价值约4 200元。全市防治水稻病虫害面积183.64万公顷,但仍有0.23万公顷面积成灾,实际损失稻谷3.7万吨,价值5 328万元,每公顷平均损失稻谷168千克,价值240元。另外,全年防治水稻病虫害平均施药7次,每公顷用药成本1 050余元。从这些数据可以看出,水稻病虫害可造成的损失,丝毫不逊于洪涝等自然灾害的影响。

3. 新的病虫害不断出现 近年来,因气候变化、耕作制度调整、施肥量提高;同时,随着优质稻、两系杂交稻、籼粳杂交稻及北方粳稻面积的逐年扩大,一些过去次要的、或新的病虫害不断出现,如稻水象甲、福寿螺、条纹叶枯病、稻曲病、穗腐病、干尖线虫病、细菌性基腐病、细菌性条斑病等。由于对这些上升的或新出现的病虫害的基础性研究、发生规律及防控技术等研究不够，基层农技人员和稻农遇到这些病虫害往往是措手不及，造成的产量损失十分严重。

4. 非生物因素灾害频繁发生 近年来，异常高温和低温的天气屡屡出现，导致植物正常生长发育受挫，降低水稻结实率，气候灾害已成为水稻生产的一个不可忽视的问题。在南方一些稻区，早稻播种及秧苗生长期间，由于受低温影响，早稻秧苗出现严重死苗的现象，导致早稻秧苗不足。近年，因早、中稻抽穗扬花期受高温影响，如七月中旬，连续35℃以上的高温天气，导致长江流域部分中稻品种结实率仅60%左右，一些年份晚稻遇到低温天气，造成部分品种每公顷平均产量不足4 500千克，就是明显的例子。另外除草剂非正常使用造成水稻药害现象，也频频发生。

（二）水稻病虫害防控中存在的问题

近年我国水稻主要病虫害常大发生或特大发生，一些稻区田块防治得较好，产量损失小；一些稻区田块防治效果差，出现“穿顶”、“倒塘”甚至颗粒无收情况。对于这种现象，通过与基层农技员交流和走访稻农，分析原因，发现部分农户在水稻病虫害防治中存在着“五重五轻”的问题，严重影响了对病虫害的防治效果。

1. 重虫害防治轻病害防治 在农户对水稻病害、虫害防治的重视程度上，由于害虫本身个体大、其对水稻植株、叶片等的危害均直观，肉眼可见，如稻纵卷叶螟危害可造成“白叶”、螟虫危害可造成“枯心”、褐飞虱危害可造成“冒穿”，稻农容易接受施药防治的要求。而病害是由病原微生物引起，微生物用肉眼无法看到。且病原菌侵染后有一个潜伏期，在发生初期往往不易察觉，如纹枯病发生在稻株基部，稻曲病由真菌引起、条纹叶枯病是由灰飞虱传毒引起的病毒病，有一定的潜伏期，农户不了解其发病机制，一旦出现发病症状再施药防治已经来不及了，基本无防效。所以多数农户往往只重视水稻虫害的防治，而忽视病害的防治，由此造成部分由病害引起的间接产量损失。

2. 重后期防治轻前期防治 有些稻农认为，水稻受前期的病虫危害，可以靠不断增加的分蘖来弥补。因此，前期防治可马虎些，甚至可以减少防治次数。其实这种观点是不对的。实践证明，对于一些病虫害，如果前期防治不力，会加重大田后期发生、危害。例如恶苗病，如果苗期大量病株移栽到大田，会传染、扩大发病率，造成大量死株。一些害虫田间虫卵量会积累，尤其是一些迁入性害虫（如稻纵卷叶螟、稻飞虱等），造成中后期田间各种虫龄都有，虫态复杂，防治压力增大，遇大发生年份到后期就无法控制。如2005年长江中下游流域水稻后期褐飞虱"冒穿"的田块，都是前、中期防治质量较差或漏治的田块。

3. 重药剂防治轻综合防治 许多农户认为，水稻病虫害防治唯有依靠农药，才能获得快速、良好的防治效果，而忽视了综合防治。其实有些水稻病虫害是可以通过农业防治等措施进行控制的。如适当推迟直播水稻的播种期（长江中下游单季稻可在6月8～15日播种），能有效减轻由灰飞虱引起的水稻条纹叶枯病；稻曲病可采取推迟或提早播栽期，使水稻最易感病的生育期—孕穗后期至抽穗扬花期避开利于病害发生的温暖高湿天气；适当推迟移栽稻的播种期（长江中下游单季稻可在5月20～25日播种），可明显减轻螟害；采取选用抗病品种，实行宽行窄株，适当稀植（直播）等措施，能有效地减轻水稻纹枯病等病害的发生；将有机肥和无机肥结合施用，增施钾肥、硅肥提高水稻抗病虫能力。此外，发展稻田养殖业（如稻田养鸭、养鱼等），能很好地控制稻田的稻飞虱、叶蝉、稻螟、福寿螺等的发生和危害。

4. 重防治日期轻防治药种 绝大多数稻农一般对防治日期比较重视，每次都能按植保部门提出的防治适期进行防治。但在农药品种的应用上，部分农户常常不按植保部门推荐的农药配方用药,不到正规渠道的农资商店购买农药,而在无证经营的小商、小贩处购买价格低、质量差的伪劣农药。更有些农户为节约成本,或减少药种,或调换其他药种,造成药种不对,防治效果差。甚至还有极少数农户违禁使用高毒农药,造成施药过程中出现中毒现象,带来严重后果。选用有信誉的大的农药公司生产的农药、选用农技员推荐的专用药、特效药是保证防效的前提和基础。

5. 重用药量轻用水量 目前,农户一般都能按植保部门的要求,购买和施用足量或略多的农药量。但多数稻农在施药时对水量不足,尤其是部分使用背包式喷雾器的小农户,按药剂要求每公顷用水量 675～750 千克,而实际田间用水量都在 300～375 千克,致使药液浓度提高,喷洒不均,中后期稻株繁茂时药液不能喷到植株中下部等。对于发生在中下部的病虫害,如纹枯病、菌核病、飞虱(褐飞虱、白背飞虱和灰飞虱等)等,会造成防治效果降低或根本无效,高温时还易造成水稻叶片药害等。

(三)防止"五重五轻"的对策

稻农在水稻病虫害防治中出现"五重五轻"现象的原因是多方面的。一方面是意识、知识和技术上落后;其次是现今农村劳动力的现状,以妇女、儿童和老人为主,力不从心。因此,抱着能简则简、能省(省工、省力、省钱)则省的心态,全然不顾防治效果。要改变病虫害防治中存在的"五重五轻"的现象,需要加强以下几方面的工作。

1. 加大水稻病虫害防治技术宣传、示范力度,提高稻农的科学防治水平 针对农作物重大病虫害的防治,有关部门开展了各类植保新技术的培训,培训对象主要是各级植保专业技术人员、村干部和种粮大户。但水稻病虫害防治的最终操作者是稻农,农户对病虫害防治的重视程度和科学防治方法的掌握程度,直接关系到最终的防治结果。为此,必须做到以下 3 个方面:

①在每次病虫害防治适期,充分利用电视、广播、报纸等媒体进行宣传,讲清楚防治对象、防治日期、选用药种、防治方法、注意事项等。

②广泛开设农民田间学校,在病虫害防治的关键时期,农技人员要以田间学校为平台,辅导农民进行田间调查,掌握病虫害发生情况,通过培训农民,推广和实施综合治理技术措施。

③进一步完善农技推广体系,设立水稻病虫害防治示范户,在每个自然村选择一户或几户接受能力强、有一定群众基础的农户,作为培训和指导的对象,通过他们的实际防治操作示范,把科学的防治技术与方法传授到千家万户。

2. 加大农药市场监管和执法力度,提高农户按方用药的技术水平 目前,全国农药供应以农资(农药、化肥、种子)公司和个体经销商为主,市场不规范、混乱。应以农资有限公司连锁店经营为主要渠道,这对水稻等主要农作物病虫害防治的统一农药配方会起到重要的作用。对于一些夸大防治效果的农药厂家、农药品种和经销商要坚决整顿甚至取消资格。

3. 加大植保机械的发展力度,提高水稻病虫害机械化防治水平 水稻病虫害机械化防治是提高防治效果和作业效率的有效途径,但由于购买机动远程喷洒机、弥雾机等植保机械一次性投入较大,使用时又需多人操作。目前,水稻病虫害全程机械化防治水平还不高,而绝大多数的小农户主要是采用手动背包式喷雾器进行喷药防治。

4. 加大统防统治的组织力度,提高水稻病虫害专业化防治水平 统防统治是指在一定区域内“统一防治时间、统一防治药种、统一防治方法、统一防治人员”的合作化、专业化防治的基本组织形式。近年的水稻病虫害防治实践证明,统防统治是克服千家万户分散防治中存在的一系列问题,真正实现高效化、无害化、科学化防治的根本途径,也是现代农业发展的必然要求。

目前,全国统防统治的面积所占比例还不高,因此必须做好统防统治的政策扶持、典型引导和措施推动工作。一是农技部门要根据村级经济扶农力度与水稻生产实际,指导建立不同形式、因地制宜的统防统治队伍;二是建立较大面积的水稻统防统治示范方,做好典型示范工作;三是加强对主要操作人员进行防治技术的培训与指导以及服务工作,提高其专业化防治水平。

(四)切实加强和改善植物保护工作

植保工作经济效益、社会效益巨大。改革开放近 30 年来,我国粮食生产接连上新台阶,用地球上 1/7 的耕地养活了世界上 1/4 的人口,这里面,植保工作的贡献不可低估。据某市调查,20 万公顷左右的水稻播种面积,近 3 年来,由于开展病虫害的防治,每年平均挽回产量损失约 46 万吨,价值 6.6 亿元,每公顷挽回损失 2 250 千克,价值 216 元,植保工作效益超乎一般人想象。新形势下的植保工作,应认真总结成绩,坚定工作信心,并适应工作发展的需要,转变观念,加强基础,改善工作方式,为稳定和发展粮食生产提供强有力的支撑。

1. 必须牢固树立公共植保和绿色植保理念 我国实行以家庭为基本单位的农业生产经营体制,农业是弱势产业,农民是弱势群体。病虫等灾害发生有其自身规律。许多农作物病虫害具有迁飞性、流行性和暴发性,其监测和防控是一家一户农民难以做到的,也是局部地区难以做到的,需要政府组织跨区域的统一监测和防治,这不仅是跨地区的公共服务,更是惠及几亿稻农乃至全国人民的公共服务。如果病虫害和检疫性有害生物监测防控不到位,一旦暴发成灾,不仅直接影响农业生产,危及国家粮食安全,而且影响人民生活秩序、人身健康和生态环境,甚至成为引发社会危机的公共突发事件,因此植保工作是关系“三农”、关系社会大众、关系国家安全的公共服务,必须引起社会和各级政府的高度重视,要始终树立“绿色植保”理念，就是要把植保工作作为人与自然和谐系统的重要组成部分，突出其对高产、优质、高效、生态、安全农业的保障和支撑作用。植保工作要把人、农作物和病虫害作为整体系统来考虑，坚持“预防为主、综合防治”的方针，采取生态治理、农业防治、生物控制和物理诱杀等综合防治措施，确保农业可持续发展。要选用高效低毒农药，应用先进施药机械和科学施药技术和方法，减轻残留、污染，避免人畜中毒和作物药害，确保农产品质量安全。植保工作不仅包括防病治虫，而且包括防治杂草和鼠害；不仅要防治已发生的生物灾害，而且要防范外来有害生物入侵和传播，要确保环境安全和生态安全。

2. 必须切实加强薄弱环节的建设、管理和服务 针对体系和队伍建设中存在的问题，要理顺体制，实行乡镇植保员由县派出、统一管理的制度，工资由县财政全额给付，保证队伍的稳定和专业管理的到位；要建立稳定经费渠道，增加投入，改善植保装备设施，加强病虫测报，保证机构的正常运转和工作全面有效开展；要加强业务培训，全面提高人员的技术素质。加强执法监督，认真组织植物检疫，积极防范和控制有害生物疫情的发生，开展农药监督管理等方面工作，防止假劣农药坑农害农。

规范病虫害信息的收集、处理，防治信息的发布及技术方案管理。县级防治方案要组织专家集体论证，并由两名以上专业技术人员和植保工作负责人签字负责。乡镇具体防治方案要根据县级方案制订，并报县审核备案，严禁其他单位和个人假冒农业部门的名义，违法发布病虫信息和防治方案。

加强宣传教育工作，制订系统规划，采用群众喜闻乐见的方式，深入持久地普及常见病虫等灾害的防治知识，改善植保工作的群众基础，同时开展农药经销人员培训活动，提高其依法经营意识和业务素质。

3. 必须改善植保工作的组织方式 植保工作具有社会公共

事件性质，应成立政府直接领导的、相关部门参与的统一的防治指挥机构，建立应对重大疫情和暴发性病虫灾害的快速、有力的反应机制；建立植保部门和新闻媒体以及电信部门的稳定联系制度，借助现代通讯工具，及时动员群众开展灾害的防控。根据病虫发生规律及防治的需要，鼓励以村集体经济组织、专业合作经济组织、农业产业化企业、乡镇农技服务部门及其他具备条件的单位和个人为依托，发展多元化的植保服务组织，积极开展病虫害统防统治工作，为最终建成以县级以上国家公共植保机构为主导，乡镇公共植保人员为纽带，多元化专业服务组织为基础的新型植保体系奠定组织基础。

五、近年我国水稻主要病虫害频繁发生的原因

近几年，水稻主要病虫害在全国主要稻区频繁、大面积、严重爆发危害，造成水稻产量重大损失。一些原来次要的病虫害在局部稻区上升为主要的病虫害。造成水稻病虫害严重发生、危害的原因主要有以下几个方面。

（一）气候变化有利于病虫害的发生危害

由于温室效应，全球气候变化较快，导致高温、高湿天气增多，有利于病虫害发生、流行，特别有利于病虫害向高纬度推移。

（二）水稻品种布局对病虫害发生有利

目前我国杂交稻面积占一半以上，由于亲本材料少、遗传背景单一、亲本抗性差的杂交稻品种大面积推广种植，有利于病虫害大面积暴发、流行。一些优质稻、专用稻但抗性相对较差的品种的应用，引起稻瘟病、稻飞虱、白叶枯病等病虫害发生频繁，危害加重，并诱导病原菌生理小种、害虫生物型变异。

(三)免耕和机械收割技术的推广有利于水稻害虫越冬

免耕方式提高了越冬虫源的存活率;机械收割留置田间的稻桩较高,增加了螟虫类钻蛀性害虫越冬虫源基数。如长江流域稻区,近几年二化螟、三化螟有效虫源是常年的3～4倍。受灾严重地区,如湖南省部分地市达到5～10倍;稻飞虱、稻纵卷叶螟两大迁飞性害虫越冬虫源地的虫量也成倍增加。过去常规栽培条件下行之有效的防治技术和方法,显然不再适应免耕和机械收割稻田的病虫害防治。

(四)种植结构调整与肥水管理变化利于病虫害发生

密植、高化肥尤其是偏施氮肥等高产栽培措施;种稻比较效益低,田间管理水平不高、粗放;一家一户承包制,种植多样化,造成播栽时期、品种不一,插花田多,形成大量桥梁田等有利于病虫害发生。以单一病虫或单一作物为单元的病虫害综合防治技术已不适应新的生产条件。

(五)过分依赖化学农药

目前,水稻病虫害的防治过分依赖化学农药,乱(滥)用农药,农药监管不力(市场混乱,假药、不达标药随处可见)。菊酯类农药的使用诱发了稻飞虱繁殖力,吡虫啉长期大量使用,使稻纵卷叶螟、褐飞虱对其抗性增强,最高抗性达到600多倍。农药用量和用药次数增加,已经不能适应当前追求食品安全的最终目的的要求。

(六)稻农素质下降、综合防治水平不高

目前,我国种稻人员多为妇女、儿童和老人,体力差、素质低,缺乏病虫害防治知识,且生产分散、操作随意、植保技术不到位等现实问题,导致了防治水平下降。

(七)投入不足、设施及基础研究落后

防灾救灾植保体系削弱和投入严重不足,也是造成防治不力、损失加重的重要因素,体现在:一是经费投入严重不足,植保队伍削弱,基础设施落后,前几年造成所谓的“网破线断人散”的局面;二是应急防治机制缺乏,区域性紧急控制无法实现;三是病虫灾变规律不清,基础研究滞后,技术储备不足。近年来,政府支持的水稻病虫发生变化基础研究的综合性项目基本没有,对病虫发生变化往往只看到现象,弄不清其机制,无法从根本上提出有针对性的治理对策。

六、我国植保工作面临的问题

在今后相当长的时间内,我国植保工作将面临病虫害发生趋重、持续增长、环境和人畜安全、生态平衡等各种压力,造成这些问题的主要原因有以下几点。

(一)当前我国植保人员及稻农现状堪忧

目前,我国基础植保体系和人员、稻农的现状都令人担忧。由于前几年对农业的不重视,造成对基层农技组织和人员很多的冲击和损害。近年各级政府虽然提高了对农业的重视程度,一些地方基层农技机构得到恢复、农技队伍得到加强、人员得到部分补充。但必须看到,当前我国的植保工作与面临的病虫害形势和承担的任务相比较,还存在不少问题,工作基础相当薄弱。目前农村劳动力现状尽人皆知,状况不容乐观。

1. 植保队伍和体系建设存在问题　一些经济欠发达地区,县(市)、乡(镇)两级工作经费普遍不足,植保人员的正常工资待遇长期得不到可靠保障,队伍人心不稳、士气不高,甚至不得不靠各种

创收途径弥补工资收入缺口。由于专业对口人员多年得不到及时补充,以及对现有植保人员培训不够,植保队伍专业知识水平下降,并客观存在人员和知识老化问题,有些农技人员甚至不能正常开单配药,更别提为群众解决疑难问题。

目前,全国大多数县(市)、乡(镇)、村一级的植保力量薄弱、队伍组织化程度低、统防统治率低、科技转化率低。植保手段普遍比较落后,病虫观察基本上依靠手摸目测,病虫测报存在不规范、不准确的问题。病虫防治信息发布手段落后,农民难以在最短时间内得到准确的防治信息,防治时效打了折扣。植保推广队伍组织化程度低,科技转化率低。在一些地区,病虫害统防统治工作发展较快,但防治重点不明确,任意扩大统防病虫对象范围,增加防治面积,加大化学农药的使用量。

2. 农民对水稻病虫等灾害防治知识比较缺乏 在稻农方面,当前农村有文化的青壮年劳动力大都进城务工了,在很多的村子里妇女、老人和儿童已成为农业生产的主力军,人员素质低,掌握新知识、新技术特别是复杂技术的能力差。而且这种状况在短期内很难扭转。由于长期缺少系统的、持续有效的宣传教育、培训,水稻病虫灾害防治知识普及程度不高,多数稻农对常见的"三虫两病"识别和防治技术都知之甚少。对一些少见或新发的病虫灾害的防治以及新药剂、新技术的运用更是难以掌握,往往习惯于凭经验办事或者随大流,导致了防治针对性不强,客观上影响了防治效果。对于一些突发性的病虫害和气候灾害,农民甚至基层农技员都往往不知所措。

(二)对病虫害的监督管理工作面临复杂局面

经济的发展、交通的便利大大活跃了人员、物资交流,植物检疫、疫情监控、疫情扑灭的难度加大,任务更加繁重。由于缺乏对病虫害防治信息有效的规范化管理,一些单位和个人出于盈利目的，常乱发布防治信息，误导农民用药。乡镇农技部门发布的病虫害防治信息，客观上缺乏有效监督，科学性、准确性、公正性有待加强。农药经销人员绝大部分技术素质低，普遍缺乏病虫害知识和对农药的了解，经营不道德。由于利益驱使，大多存在向农民乱推荐农药的现象。农药质量问题也不少，实际含量与标示含量有差异，市场上同类产品不同厂家，商品名称不同，产品五花八门，农民无所适从。

(三)病虫害综合防治水平有待提高

由于农民意识观念上的原因以及客观条件的限制，对通过包括品种抗性、耕作栽培方法、肥水管理、物理防治和生物防治等技术在内的病虫害综合防治技术的推广应用不够，现在一提到病虫害防治就是施药防治。另外，我国目前还是以一家一户为主的分散防治模式，加上稻农在能力、知识和技术上的局限，更因为一些农药厂家和农药经销商的利益驱使，片面夸大化学农药防治的好处，忽视造成的危害等，造成病虫害防治事实偏重农药防治和农药使用过多、过滥的问题。

这一方面人为增加防治成本，降低生产效益；另一方面影响了农产品质量安全，破坏了农业生态环境，甚至加剧了农药使用与病虫(抗药性)灾害发生恶性互动关系。

(四)水稻病虫害防治是一项技术性很强的工作

水稻病虫害什么时候发生、如何流行、怎样识别、预测预报、如何根据测报选择药剂进行及时准确施药防治，如何根据不同病虫害选择合适的药剂和施药方式，是技术性很强的工作，掌握的好坏直接影响防治效果。

农民对农技的需求最好是简便的“傻瓜”化。因农村劳动力的现状，稻农对一些生产技术的要求最好是简便、易学、易操作、省工、省力的“傻瓜”式方法。如病虫害的防治最好是经1～2次施药就能解决问题，或一次施药可防治多种病虫害。

（五）稻作制度变更较大

随着耕作、栽培制度的改变、品种的更换、施肥尤其是氮肥水平的提高、气候变化等因素的改变，水稻主要病虫害发生越来越重，大发生频率增加。1990年以后，稻瘟病、稻纹枯病等主要病害偏重，频率分别比1990年以前增加30、20个百分点。病害发生的年数也在增多，例如“六五”、“七五”、“八五”期间，稻瘟病的发生年数分别为2年、1年、3年，稻纹枯病为2年、4年、4年。部分病虫害由原来次要的上升为主要的，如稻曲病在进入21世纪后发生、危害日趋严重，在部分稻区的一些品种（组合）上已严重影响产量和品质。条纹叶枯病、黑条矮缩病、细菌性基腐病、干尖线虫病，稻瘿蚊、稻水象甲、福寿螺等在部分稻区和一些品种（组合）上成为主要病虫害。

一些抗病品种丧失抗性。自种植杂交稻以来，使得一些当家水稻品种相继丧失对稻瘟病的抗病能力，致病优势小种由原来毒力较弱的“中C”群演变为毒力较强的“中B”群。中B13、中B15、中B29和中B30等优势小种先后使汕优2号和以汕优63、D优63为代表的63系列组合丧失抗性。

（六）农药市场、农药使用及带来的危害问题

农药使用得当，对病虫害会起到很好的防治效果，使用不当则会带来许多不利影响。

1. 农药市场混乱 农药品种繁多、名称混乱、良莠不齐。目前，国内农药有效成分只有几百个，农药制剂却有上万个（同一个有效成分商品名可能几十个甚至上百个，加上混配剂等）；假农药、含量不达标农药时有发生；过分夸大防治效果和防治范围；农药不

合理混用非常普遍，销售商为追求销售量和利益，不负责任地劝诱稻农将多种农药混用，多的一次混用达5～6种药剂。这样不但不能提高防效、扩大防治对象，还有可能降低效果，增加中毒危险。

2. 农药使用不当　不当地用药不但达不到防效，还会带来许多负面影响。防治病虫害如果选用农药不对口，施药方法不对头，不但达不到对病虫害的防治效果，还会带来许多负面影响。如杀伤天敌生物，导致病虫产生抗药性，引起再猖獗危害，次要病虫害上升为主要的；一些抗性品种丧失抗性；农药使用次数越来越多、用量大、环境污染严重，农产品中农药残留超标，影响品质和出口；病虫害防治风险加大；农药中毒事件频发影响人畜健康等。

3. 有害生物对农药产生抗性使植保工作陷入困境　据调查，现在我国已发现14种主要病虫对23种农药产生了抗药性，其中抗性严重的有乐果、氧化乐果、水胺硫磷、吡虫啉等8种。其特点是产生抗药性时间变短，抗性水平高。如何预防病虫抗药性的产生，以及如何消除抗药性都是亟待解决的问题。

4. 农药使用量越来越大，环境污染严重　在设法提高农作物产量以保证粮食和其他农产品需求时，农民越来越依赖化学农药，从而导致农药的大量不合理使用。其主要表现为农药用量的增加，施药频次增加，高毒农药仍占很大比例。

5. 农药的不合理使用带来诸多不良影响　一是杀伤天敌，病虫产生抗药性，引起病虫再度猖獗危害；二是严重污染环境，使农产品农药残留超标，影响农产品品质和出口；三是使病虫害防治风险加大；四是农药中毒事件频繁发生，影响人畜健康。

第二章 水稻主要病虫害识别与防控

要防治好水稻病虫害，首先必须要认识并初步诊断某种病害的危害症状，了解某种害虫的形态特征及其取食后造成的危害症状，这是基本知识。本章针对水稻生产实际中发生普遍、流行广泛、危害较大、对产量影响严重的主要病虫害进行图文并茂的描述，帮助基层农技人员和稻农识别、掌握这些病虫害的发生、流行规律，危害症状，指导农技人员和农民朋友在何时、用什么药剂以及怎样进行防治。

一、水稻主要病害识别及防治技术

水稻从秧苗到收获(种子)的整个生育期均会遭受病原微生物的侵染，造成生长失调，出现病变，产生各种症状。侵染水稻的病原微生物有许多，这里介绍十几种病原菌引起的重要病害，包括病原真菌、病原细菌、病原病毒和线虫引起的病害。

(一)真菌性病害

真菌病害包括稻瘟病、纹枯病、胡麻叶斑病、恶苗病、稻曲病、穗腐病、水稻烂秧和叶鞘腐败病等。由真菌侵染引起的水稻病害，在水稻整个生育期都可侵染引起发病。可通过种子、空气、水和土壤等传播。真菌一般都能产生菌丝、或厚垣孢子、或分生孢子、或菌核等传播体。真菌侵染引起的病害多为局部病害，相对细菌和病毒引起的病害而言较易防治。

1. 稻瘟病[*Pyricularia grisea*, *Pyricularia oryzae*]

【病害识别】 引起稻瘟病的病原菌为半知菌亚门，梨孢霉属真菌，有性世代为 *Magnaporthe grisea* Barr.（彩图 1～5）。根据病害发生的时期和危害部位不同，稻瘟病可分为：苗瘟、叶瘟（普通型、急性型、白点型、褐点型）、节瘟（叶枕瘟）、枝梗瘟（彩图 6）、穗颈瘟（彩图 7～8）、谷粒瘟。最主要的是叶瘟和穗颈瘟。叶瘟典型病斑为牛眼状，初为铁锈红色，后期中间枯白；穗颈瘟是水稻穗颈部受到病原菌侵染，变成鼠灰色或黑褐色死亡，造成白穗或瘪谷。

【病害防治】

(1)药剂处理种子　属种子带菌病害，种子用药剂浸种，可减少初侵染源。

① 用 70%抗生素 402 液剂 2 000 倍液，每 50 千克药液浸种 30～35 千克稻种，浸 48 小时，捞出并洗净药液，催芽、播种。② 用 45%扑霉灵 3 000 倍液浸种 48 小时捞出洗净药液后催芽、播种。③ 用 40%多·福粉 500 倍液，浸种 48 小时，浸后捞出催芽、播种。

(2)防治苗叶瘟　在发病初期用药，本田从分蘖期开始，如发现发病中心或叶片上有急性病斑，即应施药防治。

①早、晚稻秧床作“面药”，每公顷用 40%三环唑可湿性粉剂 600 克，先用少量水将药粉调成浓浆，对水 600 千克均匀浇泼在秧床上，或对水 450 千克喷雾在床面上，再耥平床面，使药液和泥浆匀和，然后播种。② 防治苗瘟，在秧苗 3～4 叶期或移栽前 3～5 天，每公顷用 20%三环唑可湿性粉剂 1 125 克，对水 750 千克均匀喷雾。③ 每公顷用 60%多菌灵可湿性粉剂 900 克对水 750 千克均匀喷雾。

(3)防治穗颈瘟　穗颈瘟要着重在抽穗期进行预防保护，孕穗后期（始穗期）至齐穗期是防治适期。感病品种、稻苗嫩绿、施氮过多，往年发病较重的田块用药 2～3 次，间隔期为 7～10 天。

每公顷用 20%三环唑可湿性粉剂 1 500 克对水 750 千克均匀喷雾。如果病情严重，同时气候又有利于病害发展，在齐穗时再喷一次药，药量同第一次，效果更好。每公顷用 40%稻瘟灵乳油（粉剂)1 500 毫升对水 750 升，在水稻破口期和齐穗期各喷雾一次。每公顷用 21.2%加收热必可湿性粉剂 1 500 克先用少量水将药粉调成糊状，再对水 750 升搅拌均匀，在水稻破口期和齐穗期各喷药一次。

【注意事项】 ①坚持预防为主的策略，即在发病初期施药防治。② 施药要对足水量，背包式手动喷雾器，每公顷不能少于 750 千克水，均匀喷雾，喷透。③ 三环唑防治水稻稻瘟病有特效，属于预防性杀菌剂，治疗效果较差，一般应在病害发生前或初期使用，特别是防治穗颈瘟，一定要在破口初期使用。④ 宜用细雾均匀喷于稻株上部。

2. 纹枯病(*Rhizocotonia solani*，*Thanatephorus cucumeris*)

【病害识别】 又名云纹病、花脚秆，分蘖期开始发病，主要危害叶鞘、叶片，严重时可侵入茎秆并蔓延至穗部，病斑逐渐扩大后呈椭圆形或云纹状。常导致叶鞘叶片枯死，稻株不能正常抽穗，瘪谷增加，粒重下降；造成倒伏或整株枯死，有时造成“串顶”。感病品种、湿度大有利于病害发生的气候条件，菌丝可扭结成菌核，初为浅(乳)白色，后期变为黄褐色或暗褐色，扁球形或不规则形(彩图 9～13)。

【病害防治】

(1)防治适期 纹枯病防治适期在分蘖末期至抽穗期，以孕穗至始穗期防治为最好。要加强田间调查，根据发病时期进行防治。一般分蘖末期丛发病率达 5%～10%，孕穗期达 10%～15%时，应用药防治。遇高温高湿天气要连防 2 次，间隔期 7～10 天。

(2)防治方法 ①打捞菌核，减少菌源。每季犁耙田后大面积打捞漂浮在水面的菌核并带出田外深埋和烧毁。②每公顷用 5%井冈霉素水剂(粉剂)2 250～3 000 毫升(克)对水 750 升喷雾；或每公顷用 5%井冈霉素水剂 2 205 毫升对水 3 000 升泼浇；或每公顷用 5%井冈霉素水剂 2 250 毫升对水 30 升，加干细土 300 千克拌和制成毒土撒施在稻株基部。在水稻分蘖后期至孕穗期，用药1～2次，不但能有效防治水稻纹枯病，而且能促进水稻生长，从而增加产量。③在水稻幼穗形成之前，每公顷用20%稻脚青可湿性粉剂1 500克对水1 125升喷雾；再在水稻孕穗期每公顷用5%井冈霉素水剂2 250毫升对水750升喷雾，两次用药后可有效防治纹枯病。④每公顷用5%稻纹灵1 500克、或30%嘉润300毫升对水750升或30%丙环唑＋苯醚甲环唑(爱苗)225克、或20%纹真清450克、或20%真乐540克、或3%纹枯净3 000克、或11%纹曲清300克，均对水750升均匀喷雾到水稻植株中下部。

【注意事项】 ①纹枯病常与稻飞虱同时发生，可选用虱蚊灵(井冈霉素＋噻嗪酮)或阿维菌素加井冈霉素随配随用。②井冈霉素为稻纹枯病特效药，无毒副作用，具内吸性，耐雨水冲刷，喷药后2小时下雨不影响药效。一般用药2次可有效防除纹枯病。施药后应保持稻田水深3～6厘米3天。安全间隔期为14天。③前期用稻脚青，后期用井冈霉素交替喷雾，对纹枯病的防治效果会更好。稻脚青残效期长，使用不当会造成药害，宜在分蘖末期至拔节期施用，不宜在水稻扬花、灌浆期使用。晚粳稻对该药敏感，不宜施用。④ 宜用粗雾喷于稻株中下部，药液宜多。

3. 胡麻叶斑病(*Bipolaris oryzae*, *Helmimthosporium oryzae*, *Cochliobolus miyabeanus*)

【病害识别】 从苗期到收获期均可发病，以叶片发病较普遍。病斑芝麻粒大小，椭圆形或近圆形，褐色至暗褐色，导致死苗、枯叶、枯穗。应特别注意与稻瘟病的区别(彩图14～16)。

【病害防治】

(1)防治适期　秧田出现发病秧苗即应施药防治，该病大田主要在水稻分蘖期至抽穗期发生，叶片出现病斑应立刻喷雾药剂进行防治。

(2)种子消毒　①用2 000倍液70%抗生素402浸种48小

时,捞出催芽、播种。②用50%多菌灵可湿性粉剂500倍液(即200克药对清水100升搅均,浸种60~70千克),浸种48小时,浸后捞出催芽、播种。③用40%多·福粉500倍液,浸种48小时,浸后捞出催芽、播种。④25%咪鲜胺乳油2 000倍液连续浸72小时后捞起,不淘洗,不催芽(肥床旱育秧),晾干后直接播种。浸种期间不要将浸种容器置阳光下暴晒。

(3)*防治方法* ①每公顷用40%灭病威胶悬剂3 000克对水750升,在秧田出现发病株和大田发现病斑时即喷药防治。②每公顷用60%多菌灵可湿性粉剂900克对水750升,在发病初期喷雾防治。

【注意事项】 ①抗生素402需密闭贮藏,严禁高温日晒,不宜用河塘水和高温水配制药液。本品对人的皮肤有刺激作用,使用时应做好安全防护。②稻种在消毒处理前,最好先晒1~2天,这样可促进种子发芽和病菌萌动,以利于杀菌,后通过风、筛、簸、泥水、盐水选种,然后消毒。③施药时要用足药量和水量,做到喷雾均匀、全面,同时可以适当施用钾肥,以提高防效。④防治期间遇降雨天气,要抢晴用药,药后遇大雨要补治。

4. 恶苗病(*Gibberella fujikuroi*, *Fusarium moniliforme*)

【病害识别】 从秧苗到抽穗均可发病,苗期发病与种子带菌有直接关系。病苗一般高出健苗1/3左右,颜色淡黄,明显较正常苗颜色淡。上部叶片张开角度大,地上部茎节上长出倒生根,后期病株茎秆出现白色或粉红色粉末,为病原菌分生孢子,病株虽可抽穗但穗小或不抽穗甚至死亡(彩图17~20)。

【病害防治】 稻恶苗病在秧苗期至分蘖后期均可发生。此病最主要的初侵染源是带菌种子。因此,建立无病留种田,进行种子消毒处理是防治该病的关键。稻种在消毒处理前,最好在太阳下先晒种1~2天,这样可促进种子发芽和病菌萌动,以利杀菌,以后用风、筛、簸、泥水、盐水选种,然后消毒。

①用40%线菌清600倍液(即每包15克可湿性粉剂,对水9升,浸稻种6千克),浸种24～36小时,捞出清水冲洗净后,催芽,播种。② 用35%恶霉灵400倍液浸种48小时,捞出用清水冲洗净后,催芽、播种。③ 用10%浸种灵(TH-88)乳油5000倍液浸种24小时,催芽后播种。④ 用25%咪鲜胺乳油,水秧3000倍液,旱秧2000倍液浸种72小时,捞出不清洗,直接催芽播种。

【注意事项】 ①严把药液浓度关,准确配制标准浓度的药液。要求对水配制药液时,一律准量称量后再对水,杜绝随意估算的现象。②明确浸种时间及注意事项,按要求浸种。③一种浸种药剂不宜单一使用多年,最好与其他药剂轮换使用,以免恶苗病菌对某种药剂产生抗药性。④咪鲜胺对鱼有毒,不可污染鱼塘、河道和水沟。

5. 稻曲病[***Ustilaginoidea virens*** **(Cke)Tak**]

【病害识别】 稻曲病主要在水稻孕穗后期－抽穗扬花期感病,危害穗上部分谷粒,少则每穗1～2粒病粒,多则可有10多粒甚至几十粒。受害病粒菌丝在谷粒内形成块状,逐渐膨大,形成比正常谷粒大3～4倍的菌块,颜色初为乳白色、黄色逐渐变为墨绿色,最后孢子座表面龟裂,散出墨绿色粉状物,有毒。孢子座表面可产生黑色、扁平、硬质的菌核。病原菌属半知菌亚门绿核菌属真菌(彩图21～27)。

【病害防治】 此病为种子带菌病害,种子药剂处理是较为有效的方法。①12%水稻力量乳油70毫升对水50升浸种。先将稻种在药液中浸泡24小时,再用清水浸泡,然后催芽、播种。②每100千克种子用15%三唑酮(粉锈宁)可湿性粉剂300～400克拌种。③用2000倍70%抗生素402液浸种48小时,捞出催芽、播种。④用50%多菌灵可湿性粉剂500倍液(即200克药加清水100升搅均,浸种60～70千克),浸种48小时,浸后捞出催芽、播种。⑤用40%多·福粉500倍液浸种48小时,浸后捞出催芽、播种。

大田防治水稻稻曲病宜在孕穗后期、破口期前5～7天施药预防。一般感病品种(籼粳杂交稻)、往年发病重的田块、植株嫩绿(施氮过多)、气候适宜(温暖、阴雨)需预防,或听从当地植保人员指导进行防治。

① 在水稻孕穗后期(始穗前5～7天)和破口期,每公顷用5%井冈霉素水剂3 750～4 500毫升对水750～900升各喷雾一次,间隔期为7～10天。如在破口前5～7天用5%井冈霉素水剂6 750毫升对水1 125升喷雾,其防效好于常规用药2次,可兼治后期纹枯病。②每公顷用25%三唑酮可湿性粉剂1 125克对水750升,在水稻孕穗后期和破口期喷雾。③每公顷用50%琥珀酸铜(DT)杀菌剂2 250～3 000克对水750～1 125升,在水稻孕穗中期和末期各喷雾一次。④在破口前7天左右,每公顷用瘟曲克星3 000克,对水750升喷雾,同时采取水稻生育中期控氮等措施。

【注意事项】 ①稻曲病应坚持以预防为主,气温高时可减少防治次数、湿度大时要重点防治、向阳的田块可减少防治、阴雨天气要加强防治。②如用井冈霉素防治,在破口前5～7天以常规用药量的1～2倍药剂防治一次,其防效比常规用药量防2次好。井冈霉素施药后应保持稻田水深3～6厘米3天;安全间隔期为14天。③琥珀酸铜(DT)杀菌剂在水稻破口期施用易发生药害,宜在孕穗中期和孕穗末期各施1次。该药对十字花科作物易产生药害,用时要慎重;叶面喷撒不得底于400倍,安全间隔期为5～7天。④由于稻曲病是水稻生长后期病害,要注意使用药剂的安全间隔期。

6. 水稻穗腐病(*Fusarium proliferatum*, *Bipolaris australiensis*, *Curvularia lunata*, *Alternaria tenuis*)

【病害识别】 由层出镰刀菌为主多种真菌引起的寄生性及腐生性水稻谷粒病害。水稻抽穗灌浆—乳熟期显症,何时感染尚不清楚，可能是种子带菌引起的系统性病害，也可能是孕穗后期病菌侵染引起发病。前期稻穗部分或全部谷粒感病呈铁锈红色或黄褐色，后期灰白色至黑褐色，为孢子粉。前期感病空粒多，后期感病半空粒多，米粒变黄褐色、畸形（彩图 28～34）。

【病害防治】

（1）种子药剂处理　用 70%甲基硫菌灵 700 倍液，或 20%三环唑 1 000 倍液浸种，或用 50%多菌灵 800 倍液浸种。将谷种用干净的冷水预浸 12 时，再选用上述药剂浸种 24 小时，捞出水洗后催芽播种。

（2）田间防治　① 结合防治穗颈瘟抓好抽穗期前、后喷药预防，用药参照稻瘟病。②或喷施 30%氧氯化铜悬浮剂 600 倍液，或 77%氢氧化铜悬浮剂 800 倍液。③或 70%甲基硫菌灵每公顷 1 500 克。④ 或 20%三环唑每公顷 1 500 克。⑤ 或 40%灭病威每公顷 3 000 毫升。⑥ 或 15%三唑酮（粉锈宁）每公顷 1 500 克，均对水 750～900 升，在剑叶出全至破口期喷第一次药。在齐穗期喷第 2 次药，应用喷雾器均匀喷湿稻穗。在生产过程中可视需要在乳熟期再喷药一次，尤其是在暴风雨过后要及时喷药保护。

【注意事项】　先将种子用清水预浸 12 小时，再置于杀菌剂中浸种 12 小时，处理完毕后用水冲洗干净再催芽播种。其他参见稻曲病。

7. 水稻烂秧（种、芽）

【病害识别】　水稻烂秧是秧田中发生的烂种、烂芽和死苗的总称。分为病理（传染）性和生理性烂秧（彩图 35～39）。

生理烂秧：是在种子贮藏期间受潮，或在浸种过程中，温度掌握不好，使种子受热或过冷造成的，或深水淹灌，幼芽缺氧窒息。主要是因低温袭击，冷后暴晴和温差过大，造成水分供不应求时呈现急性的青枯，或长期低浊，根系吸收能力差，久之造成黄枯。

水稻侵染（病理）性烂秧：水稻立枯病分别由禾谷镰刀菌（*Fu-*

sarium graminearum Schw)、尖孢镰刀菌(*Fusarium oxysporum* Schlech)、立枯丝核菌(*Rhizoctonia sloani* Kühn)、稻德氏霉[*Drechslera oryzae* (*Breda de Haan*) Subram. et Jain]引起，均属半知菌亚门真菌。另一类是层出绵霉[*Achlya prolifera* (*Nees*) de Bary]、稻腐霉(*Pythium oryzae* Ito et Tokun)，均属鞭毛菌亚门真菌，引致水稻绵腐病。*Fusarium sp.*、*Rhizoctonia solani* 菌丝初无色。

引致水稻烂秧造成立枯和绵腐的病原真菌，均属土壤真菌，能在土壤中长期营腐生生活。镰刀菌多以菌丝和厚垣孢子在多种寄主的残体上或土壤中越冬，条件适宜时产生分生孢子，借气流、水传播。丝核菌以菌丝和菌核在寄主病残体或土壤中越冬，靠菌丝在幼苗间蔓延传播。至于腐霉菌普遍存在，以菌丝或卵孢子在土壤中越冬，条件适宜时产生游动孢子囊，游动孢子借水流传播。

(1)烂种　指播种后不能萌发的种子或播后腐烂不发芽。

(2)烂芽　指萌动发芽至转青期间芽、根死亡的现象。

①生理性烂芽　“淤籽”:播种过深，芽鞘不能伸长而腐烂;“露籽”:种子露于土表，根不能插入土中而萎蔫干枯;“跷脚”:种根不入土而上跷干枯;“倒芽”:只长芽不长根而浮于水面;“钓鱼钩”:根、芽生长不良，黄褐卷曲呈现鱼钩状;“黑根”:根芽受到毒害，呈“鸡爪状”，种根和次生根发黑腐烂。

②传染性烂芽　绵腐型烂芽:低温高湿条件下易发病，发病初期在根、芽基部的颖壳破口处产生白色胶状物，渐长出绵毛状菌丝体，后变为土褐色或绿褐色，幼芽黄褐枯死，俗称“水杨梅”。立枯型烂芽:开始零星发生，后成簇、成片死亡，初在根芽基部有水浸状淡褐色斑，随后长出绵毛状白色菌丝，也有的长出白色或淡粉红色霉状物，幼芽基部缢缩，易拔断，幼根变褐腐烂。

(3)死苗　第一叶展开后的幼苗死亡，分青枯型和黄枯型两种。

【病害防治】　防治水稻烂秧的关键是抓育苗技术，改善秧田环境条件，增强秧苗抗病力，必要时辅以药剂防治。药剂防治：播种前用药剂处理种子和对秧板进行消毒。稻种在消毒处理前，一般要先晒种1～3天，这样可促进种子发芽和病菌萌动，然后通过风、筛、簸、泥水、盐水选种，并消毒。苗期刚发病时即应施药防治。秧田一看到发病株或发病中心即应喷药防治。

①用种子重量的0.3%种衣剂1号浸种48小时，捞出冲洗净，催芽、播种，可较好地防治水稻烂秧，并可兼治恶苗病。②用50%福美双可湿性粉剂500倍液浸种48小时（即200克药，加清水100升搅匀，浸稻种60～70千克），或用50%福美双可湿性粉剂500克，拌种100千克，防治稻苗期立枯病效果良好。③苗床每公顷用25%甲霜灵可湿性粉剂1 500克对水750～800升喷雾。④对绵腐烂秧，可用10%丰利农液剂，稀释成300～500倍泼浇秧苗。⑤用15%恶霉灵液剂500倍液，播种前喷雾秧板，用药量为每平方米喷药液3千克。⑥每公顷用95%敌克松可溶性粉剂13 500克对水100升，在播种前浇泼秧板；或用50%敌克松可湿性粉剂，对水稀释1 000倍液，在秧苗1叶1心至2叶期喷雾，如果持续低温，于低温来临时再施药1次。抢救严重病苗时，可将敌克松浓度提高到500倍液使用，喷雾后有壮苗作用；或在秧苗1叶1心期，每公顷用65%敌克松可湿性粉剂600倍液，始病期用300倍液喷雾。⑦每平方米用30%恶霉灵水剂3～6毫升对水3～6升喷洒苗床；或恶霉灵1 000倍液，每平方米秧田喷3千克药剂，在播种前和秧苗2叶1心期各喷1次。

【注意事项】　①恶霉灵虽属低毒杀菌剂，但施药时也应穿工作服注意保护；若不慎将药剂沾染皮肤和眼睛，应立即用清水冲洗；万一误服，要催吐，让患者保持安静，并送医院对症治疗。干拌闷种有时易出现药害。②敌克松对人、畜毒性较大，使用时要加强个人防护，操作完毕后应立即用肥皂洗净手脸；配药时可先加少量水搅成均匀糨糊状，再加需要浓度的水量稀释喷雾。敌克松防治水稻苗期立枯病，主要用于秧苗苗床或育秧箱的喷雾。③恶霉灵在使用前要将药剂摇均，如果沉淀严重，不宜使用。④福美双药粉有刺激味道，使用过程中应戴口罩。拌过药的种子上面吸有残毒，不能再食用，也不能作饲料。

8. 叶鞘腐败病（*Sarocladium oryzae*，*Acrocylidrium oryzae*，*S. attenuatum*）

【病害识别】 又名鞘腐病，在水稻孕穗期于剑叶叶鞘上发生。剑叶鞘初现暗褐色小斑，边缘较模糊，多个病斑可连合成云纹状斑块，有时斑外围现黄褐色晕圈。后期灰白色—粉红色，为大量分生孢子。杂交亲本不育系、包穗严重的品种、田边行稻株受到除草剂影响的包穗或半包穗（如田埂施用草甘膦、百草枯等除草剂不慎飘洒到水稻植株上，常导致包穗半包穗）水稻易发病。造成不抽穗或半抽穗，完全瘪谷或半瘪谷（彩图 40～43）。

【病害防治】 播种前用药剂处理稻种。以杂交稻及杂交制种田为防治重点，杂交制种田应于剪叶后随即喷药保护一次；常规稻于始穗期前后施药。晚稻寒露风前后可通过喷施叶面营养剂混合杀虫杀菌剂喷施 1～2 次以利抽穗及防病。病害常发区应掌握幼穗分化至孕穗期，根据病情、苗情、天气情况喷药保护 1～2 次。

（1）种子处理　①用 40％多菌灵胶悬剂 500 倍液浸种 48 小时，捞出洗净，催芽、播种。②用 40％禾枯灵可湿性粉剂 250 倍液浸种 24 小时，捞出洗净，催芽、播种。

（2）田间防治　①每公顷用 40％多菌灵胶悬剂 1 125 毫升对水 750～900 升。②每公顷用 25％三唑酮可湿性粉剂 750 克对水 750～900 升。③每公顷用 40％灭病威胶悬剂 3 000 克对水 900 升。④每公顷用 40％禾枯灵可湿性粉剂 1 125～1 500 克对水 750～1 125 升，均在水稻孕穗期至齐穗期喷雾 1～2 次。⑤对于杂交稻制种田，每公顷用 50％多菌灵可湿性粉剂 1 500 克对水 750 升，于剪叶后 4 天内喷雾。

【注意事项】 多菌灵贮存时应放在干燥地方，以免吸湿结块；配药时要充分搅拌，喷药时要均匀周到。该药可与三唑酮混合使用，效果更好。收获前20～25天停止用药。

(二)细菌病害

水稻上比较重要的细菌性病害包括白叶枯病、细菌性条斑病、细菌性基腐病。细菌性病害一般是病原细菌从伤口、气孔、水孔等侵入维管束造成感病，形成系统性病害。由上往下(白叶枯病、细菌性条斑病)主要侵染叶片使其枯白死亡，丧失光合作用功能；或由下往上(细菌性基腐病)传导，使基部腐烂死亡，营养不能向上输送，造成萎蔫枯死。水稻植株一旦感病较难防治。

1. 白叶枯病(*Xanthomonas campestris pv. Oryzae*)

【病害识别】 又称白叶瘟、茅草瘟、地火烧，属细菌病害。主要危害水稻叶片和叶鞘，病斑常从叶尖和叶缘开始，后沿叶缘两侧或中脉发展成波纹状长条斑，病斑黄白色，病健部分界线明显，后病斑转为灰白色，向内卷曲，远望一片枯槁色，故有白叶枯病一称。该病为细菌性系统性病害，一旦发生较难控制。主要危害水稻上面3片叶，使其枯死，影响光合作用造成秕谷，减产(彩图44～48)。

该病症状有叶枯型、急性型、凋萎型和黄叶(化)型。

【病害防治】 防治水稻白叶枯病关键是要早发现，早防治，封锁或铲除发病株和发病中心。发现病株或发病中心，大风暴雨后的发病田及邻近稻田，受淹和生长嫩绿稻田是防治的重点。秧田在秧苗3叶期及拔秧前2～3天用药(送嫁药)；大田在水稻分蘖期及孕穗期的初发病阶段，特别是出现急性型病斑，气候有利于发病，则需要立即施药防治。

(1)种子消毒　稻种在消毒处理前，一般要先晒种1～2天，这样可促进种子发芽和病菌萌动，以利杀菌，以后用风、筛、簸、泥水、盐水选种，然后消毒。

①用40%三氯异氰尿酸（强氯精）浸种：稻种先用清水浸24小时后滤水晾干，再用300倍强氯精药液浸种，早稻浸24小时，晚稻浸12小时，捞出用清水冲洗净，早稻再用清水浸12小时（晚稻不浸），捞出催呀、播种。② 用2 000倍液70%抗生素402浸种48小时，捞出催芽、播种。③用10%叶枯净2 000倍液浸种24～48小时，捞出催芽、播种。④用12%水稻力量乳油50～80毫升，对水50千克浸种，先将稻种在药液中浸泡24小时，再用清水浸泡，然后催芽播种。⑤用30%苯噻硫氰（倍生、苯噻清）乳油1 000倍液浸种6小时，浸种时常搅拌，捞出后用清水浸种，催芽、播种。

（2）秧田和本田喷雾防治　①每公顷用20%叶青双可湿性粉剂1 500克对水750～900千克，在水稻秧苗3叶期和移栽前3～5天各喷雾一次；在大田白叶枯病初发期，每公顷用20%叶青双可湿性粉剂1 500克对水900千克喷雾。②每公顷用90%克菌壮可溶性粉剂1 125克对水900千克。③ 每公顷用77%氢氧化铜可湿粉剂1 800克对水750千克。④每公顷用25%叶枯灵可湿性粉剂3 000～6 000克对水750～900千克。⑤每公顷用12%水稻力量乳油750～1200毫升对水750千克。⑥每公顷用45%代森铵水剂750毫升对水750千克。⑦每公顷用30%苯噻硫氰（倍生、苯噻清）乳油750毫升对水900千克。⑧每公顷用50%消菌王（杀菌王）可湿性粉剂600克对水750～900千克。⑨ 每公顷用24%农用链霉素可溶性粉剂375克对水900千克。⑩20%噻菌铜悬浮剂1 500克/公顷，对水稻白叶枯病、细菌性条斑病采用20%噻菌铜悬浮剂种子浸种、秧田喷施一次预防，大田发病初期喷1～2次

均在秧田和本田初见病株或发病中心时喷药防治。视病情发展情况，隔7天左右喷雾一次，共喷2～3次。

【注意事项】 ①预防为主，多次防治，控病保产。②白叶枯病

发病田有露水时不要下田喷药、拔草、施肥及其他农事操作。③要用足水量均匀喷雾，不漏喷。④水稻秧苗期和抽穗扬花期对叶枯净敏感，喷药时要掌握好浓度。重复喷药也易产生药害，应注意喷药均匀；安全间隔期为7～10天。用药时要注意人身安全，不得抽烟、吃东西，如有中毒应对症治疗，目前尚无特效解毒药。⑤代森铵药液长期附着在皮肤上，可残留黑色斑点，对皮肤有刺激性，若沾在皮肤上应立即用肥皂水洗净。该药喷雾浓度大于1000倍时，对有些植物可能会引起药害，尤其气温高时施用对豆类作物易产生药害。⑥叶青双不适宜做毒土使用，最好用弥雾方式施药；孕妇严禁与本剂接触；在使用中或使用后若有身体不适，应立即去医院检查治疗，根据发病症状对症治疗。

2. 细菌性条斑病(*Xanthomonas oryzae pv. oryxicola* fang et al)

【病害识别】 简称细条病，属细菌性、系统性病害。主要危害叶片，病斑初为沿叶脉扩展的暗绿色或黄褐色纤细条纹，宽0.5～1.0毫米，长3.0～5.0毫米，后病斑增多并愈合成不规则形或长条状枯白色条斑，对光观察，病斑为许多半透明的小条斑愈合而成(彩图49～53)。

【病害防治】 参见水稻白叶枯病防治方法。

【注意事项】 参见水稻白叶枯病注意事项。

3. 细菌性基腐病[*Erwinia chrysanthemi* pv. zeae (Sabet) Victria, Arboleda et Munoz]

【病害识别】 水稻细菌性基腐病(Erwinia chrysanthemi Burkh.)，属细菌性、系统性病害。主要危害水稻根节部和茎基部，使之变褐，逐渐发黑腐烂，易拔起。由于根、基部坏死，拔起带泥少，挤压坏死稻株有恶臭味(彩图54～59)。

【病害防治】 发现病株或发病中心，大风暴雨后发病田及邻近稻田，受淹和生长嫩绿稻田是防治的重点。秧田在秧苗3叶期及拔秧前2～3天用药；大田在水稻分蘖期及孕穗期的初发病阶段，特别是出现急性型病斑，气候有利于发病，则需要喷药防治。

(1)种子处理　①用40%三氯异氰尿酸浸种。稻种先用清水浸24小时后滤水晾干，再用300倍药液浸种，早稻浸24小时，晚稻浸12小时，捞出用清水冲洗净，早稻再用清水浸12小时（晚稻不浸），捞出催芽、播种。②用2 000倍液70%抗菌素402浸种48小时，捞出催芽、播种。③用50%代森铵50倍液浸种2小时，捞出催芽、播种。④用10%叶枯净2 000倍液浸种24～48小时，捞出催芽、播种。⑤用12%水稻力量乳油50～80毫升对水50千克浸种，先将稻种在药液中浸泡24小时，再用清水浸泡，然后催芽播种。

(2)秧田本田喷药防治　①大田在犁耙田时或在水稻分蘖期每公顷撒生石灰2 250千克进行稻田水土消毒。②用浓度为1 000万单位的新植霉素3 000倍液，在始病期每公顷喷施750千克药液，10天后再喷一次。③每公顷用20%叶青双可湿性粉剂1 500克对水750升，于抽穗期或病害初发期喷雾。④种子用强氯精150～300倍液浸种消毒（晚稻须先用清水预浸12小时，取出沥干，再用药液浸12小时），洗净催芽、播种后，在秧苗3叶期和拔秧前再各喷1次强氯精500倍液。

【注意事项】　①叶青双不适宜做毒土使用，最好用弥雾方式施药，孕妇严禁与本剂接触，在使用中或使用后如有身体不适，应立即去医院检查治疗，根据发病症状对症治疗。②代森铵药液长期附着在皮肤上，可残留黑色斑点，对皮肤有刺激性，若沾在皮肤上应立即用肥皂水洗净。喷雾浓度大于1 000倍时，对有些植物可能会引起药害，尤其气温高时施用对豆类作物易产生药害。③水稻秧苗期（尤其是黄瘦秧苗）和抽穗、扬花期对叶枯净比较敏感，喷药时必须严格掌握浓度，喷洒要均匀，避免重喷，喷药次数不宜太多，否则易产生药害。在水稻上使用安全间隔期为21天。用药时要注意人身安全，不得抽烟、吃东西，如有中毒应对症治疗，目前尚无特效解毒药。④抗生素402遇铁会分解，配制时不可用铁制容器，应随配随用，不宜用河塘水和高温水配制药液。本品对人的皮肤有刺激作用，使用时应做好安全防护。

(三)病毒及线虫病害

目前，国内水稻上比较重要的病毒病和线虫病害包括条纹叶枯病、黑条矮缩病、干尖线虫病。水稻病毒病害是由病毒引起的系统性病害，一旦发生基本不可防治。病毒病主要通过传毒媒介昆虫传播病毒进行群体间传染。病毒病的防治主要是“治虫防病”，切断传毒链。植株一旦感病，最好是将其踩入泥土、或拔除深埋或烧毁，以减少或消灭毒源。线虫病害是由种子携带线虫感染发病，一般侵染心叶(早期)或剑叶及以下2叶叶尖3～4厘米，形成卷曲枯黄。

1. 条纹叶枯病[Rice stripe virus (**RSV**)]

【病害识别】　苗期发病，先在心叶基部出现黄白斑，后病斑向上扩展，形成黄绿相间、与叶脉平行的条纹，心叶细弱扭曲，呈纸捻状，弯曲下垂。分蘖期发病一般在心叶下1叶基部出现褪绿黄斑，后扩大成不规则黄条斑；拔节后发病，仅在上部叶片或心叶基部出现褪绿黄白斑，后扩大成不规则条斑，最后植株黄化死亡。稻田植株后期部分干枯，不抽穗或半抽穗，瘪谷多。病毒主要由灰飞虱传播，白背飞虱也可传毒(彩图60～64)。

【病害防治】　灰飞虱对水稻直接危害不重，主要以传播水稻条纹叶枯病病毒造成危害。在病害流行区以治虫防病为目标。早稻秧田平均每平方米有成虫18头，晚稻秧田有成虫5头，本田前期平均每丛有成虫1头以上就应施药防治。

①每公顷用25%噻嗪酮可湿性粉剂375～450克对水750升。②每公顷用10%叶蝉散可湿性粉剂3750克。③每公顷用

25％扑虱灵可湿性粉剂 150 克＋10％叶蝉散可湿性粉剂 1 500 克，对水 750 升。④每公顷用 25％速灭威可湿性粉剂 2 250 克对水 750 升喷雾。⑤每公顷用 80％敌敌畏乳油 2 250 毫升，拌细土 300～375 升，早、晚稻秧田、本田灰飞虱头数达到防治指标时喷雾防治。

发病田块尤其要加强对灰飞虱的防控，感病稻株可直接踩入泥土或拔除深埋、或烧毁，以减少毒源。

【注意事项】 ①水稻条纹叶枯病防治的关键时期是在秧田期，以“治虫防病”为主。②由于水稻秧苗较小，耐药性较差，在防治时要用准药量，对足水量，喷撒要均匀周到，同一地区要做到同一时间、统一动作，有条件的最好统防统治。③噻嗪酮、速灭威、叶蝉散、敌敌畏等防治飞虱的药剂或多或少对人、动物、水生生物和作物等有过敏或毒害作用，应用时要注意说明书。

2. 黑条矮缩病［Rice black-streaked dwarf virus (**RBSDV**)］

【病害识别】 俗称“矮稻”，症状表现为分蘖增加，叶片短阔、僵直，叶色深绿，叶背的叶脉和茎秆上初现蜡白色，后变褐色的短条瘤状隆起，不抽穗或穗小，结实不良。病株叶背及茎秆表面出现沿叶脉的蜡白色短条状突起，后变成黑褐色，秧龄越小、感病越厉害。是由灰飞虱、白背飞虱和白带飞虱传毒的病毒病(彩图 65～67)。

【病害防治】 灰飞虱、白带飞虱对水稻的直接危害不重，主要以传播病毒造成危害，白背飞虱除传毒外还可直接危害水稻。在病害流行区以治虫防病为目标。早稻秧田平均每平方米有成虫 18 头，晚稻秧田每平方米有成虫 5 头，本田前期平均每丛有成虫 1 头以上，就应施药防治。

①每公顷用 25％噻嗪酮可湿性粉剂 375～450 克对水 750 升。②每公顷用 10％叶蝉散可湿性粉剂 3 750 克对水 750 升。③每公顷用 25％噻嗪酮可湿性粉剂 150 克＋10％叶蝉散可湿性粉剂 1 500 克对水 750 升，在早、晚稻秧田、本田传毒昆虫头数达到

防治指标时喷雾。

【注意事项】 参见前面病毒病害的注意事项。

3. 干尖线虫病(*Aphelenchoides besseyi* Christie)

【病害识别】 种子带菌(线虫),浸种时种子内线虫复苏,游离于水中,遇幼芽从芽鞘缝钻入,附于生长点、叶芽及新生嫩叶尖端的细胞外,以吻针刺入细胞吸食汁液,致使被害叶失去营养,逐渐形成干尖(彩图68~71)。

【病害防治】 种子带菌进行传播,以药剂处理种子为主,大田很少施药防治。种子在播种前用温水或药剂处理,是防治干尖线虫病简单有效的方法。

①温水浸稻种:稻种先用冷水预浸24小时,然后移入45℃~47℃温水中浸5分钟,再移入52℃~54℃温水中浸10分钟,立即冷却催芽、播种。②用线菌灵600倍液,浸种48小时,捞出冲洗净,催芽、播种。③用线菌清550倍液,即每包15克可湿性粉剂,对水9升,浸稻种6千克,浸种48小时,捞出冲洗净后催芽、播种。以上两法既可防线虫又可防恶苗病。④用10%浸种灵乳油针剂5 000倍液(每瓶2毫升药液对水10升,可浸稻种6~8千克),浸种120小时,捞出催芽、播种,可兼治干尖线虫病和恶苗病。⑤用80%敌敌畏乳油1 000倍液浸种24~48小时,捞出催芽、播种。⑥用50%杀螟松乳剂1 000倍液浸种24~48小时,捞出催芽、播种。⑦每公顷用10%克线磷颗粒剂3 750克,拌细土150千克,在秧苗2~3叶期撒施1次。⑧用0.2% E 605拌闷水稻种子24小时,然后催芽、播种,对干尖线虫的防效达90%以上。⑨用灭线灵原装1小包(3克)加少量水溶解,然后加20升水配成药液,称12.5千克稻种,经盐水选种后,用清水洗净,将种子倒入药液中浸60~72小时,捞出用清水浸泡,直至饱和即可捞出播种。

【注意事项】 ①所有粳稻品种都必须药剂浸种;药剂配置应注意"以药定水,不能以种定水";浸种时应处于蔽光状态并且药液必须淹没稻种。②用浸种灵和线菌清浸种过程中，要避免光照，勤搅动。南方地区因温度较高，可适当缩短浸种时间。③施用克线磷时，应避免药剂与皮肤接触，同时不可饮水、吃东西或吸烟，施药完毕后，应用肥皂水清洗手、面部及接触过药剂的部位。如不慎引起中毒，发现头晕、头痛、恶心、呕吐、呼吸困难及出汗等症状时，应立即请医生诊治，同时吞服2片硫酸阿托品缓解。

二、水稻重要害虫识别及防控技术

水稻整个生育期的根、茎、叶、穗等各部位均会受到害虫危害，准确识别害虫种类、诊断其危害造成的症状是采取正确防治措施、选用高效合适药剂、进行适时精准防治、达到有效控制害虫危害的基础与关键。

本书所述水稻主要害虫系指在我国水稻种植区经常发生、面积较大、对水稻生产危害及产量损失影响严重的一些害虫。根据各类害虫的危害习性分成食叶类害虫：稻纵卷叶螟、稻苞虫、稻黏虫、稻蝗虫、稻螟蛉、稻田福寿螺；钻蛀类害虫：螟虫（二化螟、三化螟和大螟）、稻瘿蚊和稻秆潜蝇；吸汁类害虫：稻飞虱（褐稻虱、白背飞虱和灰飞虱）、稻蓟马、稻叶蝉、稻椿象；食根类害虫：稻象甲和稻水象甲等。

（一）食叶性害虫

主要取食叶片，有些种类也咬食叶鞘、幼穗，除常发性主要害虫稻纵卷叶螟外，其他害虫均系局部地区危害或间歇危害。根据害虫是否具结苞隐蔽习性又分成结苞和不结苞两类。

危害较重的结苞类食叶害虫有稻纵卷叶螟和稻苞虫，其共同特征是幼虫吐丝缀叶结苞成虫巢。稻纵卷叶螟多是将单片叶纵卷成苞，也有将2片或2片以上纵卷成苞，仅取食叶肉而叶片（脉）留下白斑,叶片无缺刻。稻苞虫常将单片叶或多叶横向折卷成苞,蚕食叶片而造成缺口。

1. 稻纵卷叶螟[Rice leaffolder(*Cnaphalocrocis medinalis* Guenee)]

【发生危害】 属鳞翅目螟蛾科,是我国常发性的主要水稻害虫,具典型的迁飞习性,海南1年繁殖9～11代,广东、广西6～8代,长江中下游4～6代,东北、华北稻区每年1～3代。近几年连续大发生,年发生面积超过1 333万公顷。我国以华南、长江中下游稻区危害最为严重。危害对象:以水稻为主,也危害麦类、甘蔗、玉米等作物及稗、芦苇、游草、马唐和狗尾草等禾本科杂草。

【识别方法】 主要根据害虫取食危害水稻造成的症状和害虫的形态特征进行识别(下同)。

(1)危害特点　初孵幼虫一般先爬入水稻心叶或附近叶鞘、旧虫苞中。虫量大时亦可几头幼虫在叶尖、叶片一侧边缘小虫苞内,二龄幼虫则一般在叶尖或叶侧结小苞,三龄开始吐丝缀合叶片两边叶缘,将整段叶片向正面纵卷成苞,一般单叶成苞,少数可以将临近两片或多片叶缀合成苞。幼虫取食叶片上表皮与叶肉,仅留下白色下表皮及叶脉,虫苞上显现白斑。危害严重时,田间虫苞累累,甚至植株枯死,一片枯白(彩图77～79)。

(2)形态特征　成虫体长7～9毫米,翅黄褐色,前后翅外缘均有黑褐色宽边,前翅前缘暗褐色,有3条黑色横线,其中内、外线横贯翅面,中线短而不达后缘;后翅有横线2条,内横线较短,不达翅后缘;雄蛾前翅前缘中部还有黑褐色鳞片聚成的鳞片堆。卵扁椭圆形,多散产于叶片背面,少数数粒聚成一排;幼虫通常5龄,少数6龄,虫体黄绿色。一龄头黑色,其余各龄头黄褐色至褐色;二龄前胸背板前、后缘均有1对黑点;三龄前胸背板后缘黑点变成三角形黑斑;四龄前胸背板前缘2黑点两侧有许多小黑点连成弧线;五龄前胸背板中部黑点色淡。三龄开始中、后胸背板均有1对黑褐色斑点。蛹长 7～10 毫米，被薄茧，各腹节背面后缘隆起，初蛹淡黄色，后转红色至褐色(彩图 72～76)。

(3)发生规律　稻纵卷叶螟的生长发育喜适温高湿，适宜温度 22℃～28℃，相对湿度大于 80%。各地主害代世代历期 29～38 天，其中幼虫危害期 15～22 天。成虫喜嫩绿繁茂的稻田产卵，产卵期 3～6 天，雌虫寿命 5～17 天；产卵多在夜晚，每雌虫产卵 100 多粒，最多可达 300 粒。幼虫一般躲在苞内取食上表皮与叶肉，1 头幼虫一生可危害稻叶 5～7 片，多者达 9～12 片，五龄后食量最大，占整个幼虫期取食的 50%以上。

【防控技术】　以农业防治为基础，充分利用生物防治措施，合理使用化学药剂，充分保护和利用自然天敌资源。

(1)农业防治　①合理施肥，防止偏施或迟施氮肥。② 尽量采用抗虫水稻品种。近年来，我国育成了一批高抗稻纵卷叶螟和螟虫的转 Bt 基因或胰蛋白酶抑制剂(CpTI)基因水稻，这可能是今后防治稻纵卷叶螟及螟虫的一种最为有效、可靠、经济的手段。

(2)物理防治　安装频振式杀虫灯诱杀成虫效果较好，可有效减少下代虫源。使用性诱剂防治稻纵卷叶螟有一定的效果，且绿色、安全。

(3)生物防治　利用生物农药或天敌资源(昆虫和病原菌)。① 使用杀螟杆菌、青虫菌等生物农药，一般每公顷用含活孢子量 100 亿/克的菌粉 2 250～3 000 克对水 60～75 升喷雾，加入药液量 0.1%的洗衣粉作湿润剂可提高生物防治效果，此外如能加入药液量 1/5 的杀螟松效果更好；②人工释放赤眼蜂，在稻纵卷叶螟产卵始盛期至高峰期，分期分批放蜂，每公顷每次放 45 万～60 万头，隔 3 天 1 次，连续放蜂 3 次。

(4)化学防治　化学农药仍然是防治稻纵卷叶螟的一种不可或缺的重要手段。但需充分考虑水稻不同生育期对稻纵卷叶螟危害的容忍度(补偿能力)及对天敌资源的保护和利用。生产上应改变“见虫就打药”的观念，只需在稻纵卷叶螟发生量超过防治指标时才施药防治。一般分蘖期的防治指标较宽，穗期稍窄。如浙江防治指标为穗期有效虫量 20 头/100 丛，分蘖期 40 头/100 丛；同时防治适期以卵盛孵期或三至四龄幼虫期高峰期为宜（以往一般掌握在二龄幼虫高峰期，但此时为寄生蜂高峰期，不利于保益控害）。

药剂可选用：①20%氯虫苯甲酰胺（宽康）150 毫升/公顷，或50%稻丰散 1 500 毫升/公顷，或 40%毒死蜱 1 500 毫升/公顷，对水600～750 升，均匀细喷雾；② 每公顷用 25%毒死蜱乳剂 1 050～1 200毫升喷雾或弥雾；③每公顷用 80%杀虫单粉剂 525～600 克喷雾或 25%杀虫双水剂 2 250～3 000 毫升喷雾或弥雾，蚕桑区可改用5%杀虫双颗粒剂 22.5 千克加湿润细土撒施；④ 90%晶体敌百虫每公顷 1 500 克喷雾或弥雾；⑤50%杀螟松乳油每公顷 1 050 毫升喷雾或每公顷 1 800 毫升对水泼浇。此外，每公顷用 80%杀虫单600 克与 10%吡虫啉 225～300 克混配，主防稻纵卷叶螟，兼治稻飞虱。

此外，丙溴磷、阿维菌素、甲维盐等对防治稻纵卷叶螟也有较好的效果。

上述喷雾未提及用水量的按每公顷对水 750～900 升，弥雾对水 75～150 升，泼浇对水 4 000～5 000 升。

【注意事项】 ① 害虫防治田间要保持浅水层，用药量要足，每公顷对水 750～900 升，喷洒要均匀，补施药的田块应轮换药剂。高温天气避免中午施药，避免中毒事故发生；如施药当天下雨，天晴后应立即补施一次。② 蚕桑地区禁用杀虫双、杀虫单等含沙蚕毒素类农药和菊酯类农药。③ 高温季节要避开高温时段施药，防止出现农药中毒事故。④ 严禁使用 1605、甲胺磷等高毒农药。⑤严禁农药污染水产养殖区。

2. 直纹稻弄蝶（稻苞虫）(*Paranara guttata* Bremer et Grey)

【发生危害】 属鳞翅目弄蝶科,别名一字纹稻弄蝶。除新疆、宁夏未见报道外,广泛分布于全国各稻区,尤以南方稻区发生普遍,局部地区危害严重,是我国间歇性局部大发生的水稻害虫,四川一些地区发生数量甚至超过稻纵卷叶螟。我国还有曲纹稻弄蝶(P. ganga Evans)、么纹稻弄蝶(P. nasobada Moore)、隐纹谷弄蝶(Pelopidas mathias Fabricius)和南亚谷弄蝶(P. agna Moore)4种稻弄蝶,统称为"稻苞虫"。但仅前2种和直纹稻弄蝶取食稻叶时吐丝缀合稻叶成苞,后2种并不吐丝缀叶成苞。直纹稻弄蝶危害对象有水稻、茭白,并能取食玉米、高粱、大麦、谷子、竹子、芦苇、稗、游草和狗尾草等。

【识别方法】

(1) *危害特点* 一至二龄幼虫在叶片边缘或叶尖结2～4厘米小苞;三龄幼虫苞长10厘米,亦常单叶横折成苞,四龄开始缀合多片叶成苞,虫龄越大缀合的叶片越多,虫苞越大,食后叶片残缺不全,严重时仅剩中脉(彩图80～81)。

(2) *形态特征* 成虫体长17～19毫米,体和翅棕褐色,前翅具7～8个半透明白斑排成半环状,下边一个大;后翅中间具4个白色透明斑,呈直线或近直线排列(直纹稻弄蝶之名即出于此)。卵多散产于叶背,黄褐色至褐色,半球形,直径0.9毫米。幼虫两头小中间大,呈纺锤形,末龄幼虫体长27～28毫米,头浅棕黄色,头部正面中央有"山"字形褐纹,体黄绿色,背线深绿色。蛹淡黄色至黄褐色,长22～25毫米,近圆筒形,被具白色絮状薄茧。

(3) *发生规律* 我国每年发生2～8代,南方稻区以老熟幼虫在背风向阳的游草等杂草中结苞越冬,北方稻区难以发现越冬虫态,可能由南方迁入。华南6～7代,以8～9月发生的第四、第五代虫量较大,主要危害晚稻;浙江发生4～5代,江苏和安徽发生4代,主要危害连晚、单晚和中稻。一般时晴时雨,尤其下白昼雨的天气易发生,高温干旱则少发生。成虫喜食花蜜,趋向分蘖期生长旺盛的稻株产卵；一般每叶产卵1～2粒，每雌一生可产100～200粒，多者300粒，产卵持续2～6天。幼虫5龄，26℃～28℃下幼虫期18～20天，各龄幼虫均有吐丝结苞习性，白天潜伏稻苞内取食，傍晚或阴雨天爬出苞外取食，五龄为暴食期，食量超过幼虫总食量的80%。

【防控技术】

(1)农业防治　①冬春及时铲除田边、沟边、塘边杂草和茭白蚕株；②种植蜜源植物集中诱杀；③放鸭食虫。

(2) 物理防治　安装频振式杀虫灯诱杀成虫效果较好，可有效减少下代虫源。

(3)化学防治　该类害虫的虫口数量一般较低，除危害较重的局部地区外，一般无需专门用药，可以结合对其他害虫的防治进行兼治。但在虫口密度较大时，可选用下述药剂：① 杀螟杆菌(含菌100亿/克)600～700倍液(另加1/4的洗衣粉)；②80%敌敌畏1 000倍液；③50%杀螟松1 000倍液；④50%辛硫磷乳油1 500倍液；⑤2.5%溴氰菊酯乳油2 000倍液；⑥每公顷用18%杀虫安水剂2 550～3 375毫升，均对水750～1 125升进行喷雾。⑦500～1 000倍Bt乳油每公顷喷雾药液900千克。

【注意事项】 ① 雨天不宜施药，喷雾要求均匀周到，在水稻上使用安全间隔期为15天。②使用时应注意对人畜安全，如发现中毒，应立即送医院治疗：可催吐、并用1%～2%苏打水洗胃，对症治疗，可用阿托品类药，但注意防止过量；应密封保存在干燥阴凉处。③ 防治适期接近的，可实行药剂混配，做到一次施药，兼治多种病虫。④ 雨水对B_t乳剂具有冲刷作用，若喷药后遇大雨，雨后应补喷1次。

不结苞类食叶害虫的幼虫不结苞而裸露在外，根据取食方式不同分为两类：第一类蚕食叶片，造成叶片缺口；第二类，仅取食叶肉，形成白斑或失绿斑，不造成叶片缺口。此处仅介绍第一类中发生危害较重的稻螟蛉、黏虫、稻蝗和福寿螺。被食叶片有缺口，甚或仅剩叶片中脉或稻秆，多为“暴食”性害虫，在局部地区部分年份虫口数量较大，造成产量严重损失。

3. 稻螟蛉(*Naranga aenescens* Moore)

【发生危害】 属鳞翅目夜蛾科，又名双带夜蛾，因成虫前翅有两条暗褐紫色宽斜纹而得名。该虫分布甚广，国内各主要稻区均有分布。20 世纪 50 年代该虫仅在局部地区危害严重，60 年代多数地区得到控制，70 年代部分地区又有回升趋势，90 年代以来局部地区危害进一步加重。危害对象：除危害水稻外，还危害高粱、玉米、甘蔗、粟、茭白及多种禾本科杂草。

【识别方法】

(1)危害特点　幼虫取食稻叶，一至二龄幼虫沿叶脉间取食叶肉，将叶片食成白色条纹，三龄后蚕食叶片，将叶片食成缺口，严重时叶片仅剩中脉。

(2)形态特征　成虫体长 6～10 毫米，头胸深黄色，雄虫前翅深黄色，翅面有两条平行的暗褐紫色宽斜纹，内面一条自前缘中央至内缘中央，外面一条自翅尖伸至臀角附近；雌蛾前翅黄褐色，两条斜纹较雄虫的细些，且中部间断不连续。卵扁球形，表面有房舍状隆线 29 条。幼虫多 6 龄，末龄幼虫长 20～26 毫米，深绿色，头黄绿色或淡绿色，背线及亚背线白色，气门线黄色，腹部仅保留第三、第四腹足，第一、第二对腹足退化，仅留痕迹，故行动像尺蠖。蛹隐藏在浮于水面或留于原稻株的三角叶苞内，蛹体长 9～10 毫米，初蛹黄绿色，羽化前褐色，可见前翅斜纹(彩图 82～85)。

(3)发生规律　每年发生代数由北往南递增，吉林 3 代，湖北 5 代，江西 5～6 代，福建、广东 6～7 代，一般在 7～8 月份危害较重。以蛹在田间稻丛、稻秆、杂草叶苞、叶鞘间越冬。成虫日间潜伏，夜间活动，趋光性强。卵多产于稻叶中部，叶片正反两边都有，叶色青绿的叶片着卵多。一般3～5粒成1或2行排列成卵块，个别单产，每雌平均产卵约250粒。

幼虫多于清晨孵化，以稻叶为食，遇惊动即跳落田面，再游水转移到其他稻株危害。老熟幼虫常将叶片弯折成三角形小苞，常从苞隙伸出头部咬断稻叶，叶苞飘落田面，幼虫即在苞内结茧化蛹。该虫喜高温高湿，生长适温22℃～30℃，空气相对湿度85%～95%。一般平均温度高、降水量适中的年份发生量较大。

【防控技术】　一般可在防治螟虫、稻纵卷叶螟时加以兼治，但在危害较重的稻区还需采取综合防治措施：铲除田边杂草；成虫盛发期可点灯诱蛾；在低龄幼虫阶段使用化学农药进行防治：①40%乐果乳油2 000～3 000倍液；②80%敌敌畏乳油1 200～1 500倍液；③20%三唑磷乳油400～500倍液；④25%杀虫双水剂300～400倍液；⑤90%晶体敌百虫600倍液喷雾，每公顷用水量750～900升。

【注意事项】　①高温季节要注意用药安全，提倡早晚用药；②药后8小时内遇雨须及时补治；③喷雾均匀，药后田间保水3～5天；④稻田养殖区，对鱼虾蟹敏感的农药禁用，尽量不用化学农药。

4. 黏虫［*Mythimna separata* (Walker)］

【发生危害】　异名*Leucunia separata*（Walker），属鳞翅目夜蛾科，又名东方黏虫，俗称剃枝虫、行军虫、虸蚄、五色虫。国内除新疆、西藏外其他各省、市、自治区均有分布，是我国稻作上的间歇性、局部危害的害虫，长江中下游及以南的水稻上相对较重。危害对象：杂食性害虫，可危害34科89种植物，在南方稻区秋季主要危害晚稻、冬春季危害小麦；北方则主要危害小麦、玉米、谷子、高粱、青稞等，亦危害禾本科牧草。

【识别方法】

(1) 危害症状　低龄时咬食叶肉形成透明条纹状斑纹，三龄后沿叶缘啃食水稻叶片成缺刻，严重时叶片被吃光，植株仅剩光秆，穗期可咬断穗子或咬食小枝梗，引起大量落粒，故称“剃枝虫”。大发生时可以在1～2天内吃光成片作物，造成严重损失（彩图86～87）。

（2）形态特征　成虫体长17～20毫米，全体淡黄褐色或灰褐色，前翅中央前缘处有2个淡黄色圆斑，外侧圆斑后方有1小白点，白点两侧各有1小黑点，顶角具一条伸向后缘的黑色斜纹。卵馒头形，单层排列成行形成卵块。幼虫6龄，体色变异较大，腹足4对，高龄幼虫头部沿蜕裂线有棕黑色“八”字纹，体背具各色纵条纹，背中线白色较细，两边为黑细线，亚背线红褐色，上下镶灰白色细条，气门线黄色，上下具白色带纹。蛹长19～23毫米，红褐色。

（3）发生规律　黏虫是典型的迁飞性害虫，每年3月份至8月中旬顺气流由南往偏北方向迁飞，8月下旬至9月再随偏北气流南迁，国内由北到南每年依次发生2～8代。在我国东半部，北纬27°以南年发生6～8代，以秋季危害晚稻世代和冬季危害小麦世代发生较多，北纬27°～33°年发生5～6代，以秋季危害晚稻世代发生较多。

成虫顺风迁飞，飞翔力强，有昼伏夜出习性，喜食花蜜。卵多产于稻株枯黄的叶尖处或叶鞘内侧，几十粒至一两百粒成一卵块，适宜条件下每雌虫一生可产卵1 000粒，最多达3 000粒。幼虫孵化后先吃掉卵壳，后爬至叶面分散危害，3龄后有假死习性。

【防控技术】

（1）农业防治　①在成虫产卵盛期前选叶片完整、不霉烂的稻草8～10根扎成小把，每公顷插450～750把，每隔5～7天更换一次（若草把用40%的乐果乳油20～40倍液浸泡可减少换把次数），可显著减少田间虫口密度。②幼虫发生期间，可放鸭防虫。

（2）物理防治　用频振式杀虫灯诱杀成虫，效果非常理想。

（3）化学防治　重发稻田，可在低龄幼虫（二至三龄高峰期），选用：①20%除虫脲胶悬剂5 000～6 000倍液；②25%灭幼脲3号悬浮剂 2 000 倍液；③90%晶体敌百虫或 40.7%毒死蜱1 000～1 500倍液；④50%辛硫磷乳油或 10%除虫精 2 000～3 000 倍液；⑤24%速杀死乳油或 2.5%敌杀死乳油 1 500～2 000 倍液；⑥25%杀虫双 200～400 倍液，每公顷对水 750～1 125 升均匀喷雾；⑦每公顷也可用 2.5%敌百虫粉 22.5～37.5 千克按 1∶1 拌细土喷粉；⑧每公顷用 2%阿维菌素 750 毫升加 48%毒死蜱 750 毫升；⑨每公顷 2%阿维菌素 750 毫升加 40%水胺硫磷 750 毫升均对水 900 升喷雾。

【注意事项】 ① 该虫具有昼伏夜出的特性，在早晨傍晚施药效果为佳。② 防治时应用足药量和水量，施药时要将药液喷洒到作物全株。

5. 稻蝗(grasshopper，locust)

【发生危害】 属直翅目蝗科，主要包括 Oxya 属的几种危害水稻的蝗虫，我国主要有中华稻蝗[*Oxya chinensis* (Thunberg)]、山稻蝗(*Oxya agavisa* Tsai)等。以中华稻蝗最为常见，国内各稻区均有分布，20 世纪 80 年代中期以来在我国中部和北部稻区迅速回升，不少稻区(如东北)暴发成灾。危害对象：危害水稻、茭白及其他禾本科植物，也取食莎草科、豆科、旋花科、锦葵科、茄科等多种植物。

【识别方法】

(1)危害症状　成、若虫多从叶边缘开始取食，叶片出现缺刻，严重时全叶被吃光，仅残留稻秆。

(2)形态特征　成虫体黄绿色或黄褐色，复眼后方头两侧各有 1 黑褐色纵带，直达前胸背板后缘及翅基部。卵长 3.5 毫米，长圆筒形，略弯，深黄色，胶质卵囊褐色，囊内含卵 10～100 粒，多为 30 粒左右，斜列 2 纵行。若虫 5～6 龄，少数 7 龄，体绿色，胸部背面中央为浅色纵带，各龄体长、触角节数、翅芽长短不同(彩图 88～89)。

(3)发生规律　长江流域及以北年发生 1 代，以南 2 代，各地均以卵块在田埂、荒滩、堤坝等土中1.5～4.0厘米深处或杂草根际、稻茬株间越冬。翌年春季，低龄若虫孵化后群集危害，取食田块周围禾本科杂草，3龄后开始分散，迁入秧田或大田危害，并由田边逐渐向田中央扩散。成虫喜在早晨羽化，夜晚闷热时有扑灯习性；卵成块产在土下，田埂上居多，每雌虫产卵1～3块。

【防控技术】

(1)农业防治　①稻蝗喜在田埂、地头、渠旁产卵。发生重的地区组织人力铲埂、翻埂杀灭蝗卵，尤其在冬春铲除田埂草皮或开垦荒地，破坏越冬场所，效果明显。②放鸭啄食或保护青蛙、蟾蜍，可有效抑制该虫发生。

(2)物理防治　安装频振式杀虫灯诱杀成虫效果较好，可有效减少下代虫源。

(3)化学防治　抓住稻蝗低龄若虫(一至三龄)群集在田埂、地边、渠旁取食杂草嫩叶特点，突击防治；三至四龄后常转入大田，当百株有虫10头以上时，应及时喷洒农药：①25%杀虫双200～400倍液；②50%辛硫磷乳油；③50%马拉硫磷乳油；④稻蝗3龄前，每公顷用蝗虫微孢子虫以225亿个孢子浓度进行防治，如果已到3龄，可采用5%氟虫脲可分散液剂与蝗虫微孢子虫协调喷施，每公顷用量为97.5～150毫升，对水200毫升；⑤插秧后对稻蝗危害较重的田块，每公顷用20%甲氰菊酯2 700毫升对水9 000升进行防治；⑥90%晶体敌百虫，每公顷1 500～2 250克；或80%敌敌畏乳油1 500～2 250毫升；或50%杀螟硫磷乳油1 125～1 500毫升，对水750～900升喷雾。

【注意事项】　一定要抓住一至三龄蝗蝻(若虫)高峰期施药防治。防治时要足药足水，田间保护水层3～4厘米3天以上，以确保防效。

6. 福寿螺(*Ampullaria gigas* Spix)

【发生危害】　又名大瓶螺、苹果螺，与普通田螺相似，系大型水生螺类。学名 *Ampullaria gigas* Spix。异名 *Ampullarium crosseana*、*Pomaceacineata*、*Pomacea canaliculata*、*A. insularus*，目前在长江流域及其以南、西南等稻区广泛分布。该螺适应性强、食性杂、个体大、繁殖力强、危害大，水稻、蔬菜、甘蔗等作物都是其危害对象。每年 3～4 月开始产卵繁殖，5～9 月份是危害水稻的高峰期，以晚稻受害最重。福寿螺的繁殖能力十分强，一只雌螺经 1 年 2 代可繁殖 32 万个后代，繁殖速度比本地近缘物种快 10 倍左右。其危害水稻，主要是吞食稻苗(叶)，造成少苗缺株，需多次补苗，秧田和分蘖期稻株一般受害率为 4%～7%，高的达 13%～15%。广西晚稻受害株率一般为 7%～15%，最高达 64%。广东发生危害 13.33 多万公顷，广西 20 多万公顷。据广西调查，发生区稻田螺量一般为 2～10 只/米^2，较高可达 20～60 只/米^2，已犁耙但未插秧田块，最高的达 177 只/米^2。

【识别方法】

(1) *危害症状* 刚孵化不久的小螺就能啃食水稻等水生植物，尤喜幼嫩的秧苗。福寿螺是新的有害生物。水稻插秧后至晒田前是主要受害期。它咬剪水稻主蘖及有效分蘖，致使有效穗减少而造成减产。

(2) *形态特征* 螺壳外观与田螺相似。具一螺旋状的螺壳，颜色随环境及螺龄不同而异，有光泽和若干条细纵纹，爬行时头部和腹足伸出。头部具触角 2 对，前触角短，后触角长，后触角的基部外侧各有一只眼睛。螺体左边具 1 条粗大的肺吸管。成螺贝壳厚，壳高 7 毫米，幼螺贝壳薄，贝壳的缝合线处下陷呈浅沟，壳脐深而宽。贝雌雄同体，异体交配。

卵圆形，直径 2 毫米，初产卵粉红色至鲜红色，卵的表面有一层不明显的白色粉状物，在 5～6 月份的气温条件下，5 天后变为灰白色至褐色，这时卵内已孵化成幼螺。卵块椭圆形，大小不一，卵粒排列整齐，卵层不易脱落，鲜红色，小卵块仅数十粒，大的可达千粒以上。卵于夜间产在水面以上干燥物体或植株的表面，如茎秆、沟壁、墙壁、田埂、杂草等上，初孵化幼螺落入水中，吞食浮游生物等。幼螺发育 3～4 个月后性成熟，除产卵或遇有不良环境条件时迁移外，一生均栖于淡水中，遇干旱则紧闭壳盖，静止不动，长达 3～4 个月或更长(彩图 90～91)。

(3)发生规律　由北向南代数增加，广州年发生 3 代，海南、南宁 3～4 代，浙江南部可越冬。一代幼螺生长 93 天开始产卵，卵期 9 天，孵出二代幼螺历期 102 天；二代螺生长 63 天产卵，卵期 11 天，即孵出三代幼螺，历期 74 天。三代螺生长至翌年 3 月底，共 189 天，仍为幼螺，各代螺重叠发生。以幼螺或成螺在稻丛基部或稻田土表下 2～3 厘米处越冬，亦可在田边或灌溉渠、河道中越冬。

福寿螺耐旱力极强。且有较强的耐饥力，体重 3～9 克的个体耐饥力最强，饥饿 98 天仍能存活，体重大于 10 克及低于 2 克的个体耐饥力相对较差。

产卵母螺寿命一般为 4～8 个月，平均 6 个月，连续产卵期2～4 个月。繁殖力极强，每只雌螺平均繁殖幼螺 1 000～3 000 只。卵发育的适宜温度为 20℃～35℃，成、幼螺能生存的水温范围为 10℃～30℃。不耐低温，冬季暴露在空气中的福寿螺在 1℃～2℃及其以下温度下持续 1 天即全部死亡，在土壤中 2～3 厘米处 1℃～2℃下 1 周有 50％～75％能存活。

福寿螺远距离传播主要是人为因素，附着在土壤中或水生植物的根部、茎基部随运输而扩散。近距离则主要是随水流传播，可随田水灌溉而扩散。

【防控技术】

(1)人工防治

①组织人力摘卵、捡螺，集中销毁；②冬季结合田间管理，清除淤泥、杂草，破坏福寿螺越冬场所；③养鸭取食。④水旱轮作和深翻土地直接杀死成螺。

（2）化学防治　宜在成螺产卵前用药，当稻田每平方米平均有螺2～3头时，应马上采取化学防治方法进行防治。①每公顷用50%螺敌可湿性粉剂975克；②每公顷用8%灭蜗灵颗粒剂22.5～30千克；③每公顷用6%蜗克星颗粒剂7.5千克；④每公顷用5%梅塔颗粒剂6.0～7.5千克拌细沙75～150千克撒施；⑤每公顷用65%五氯酚钠3.75千克；⑥每公顷用6%密达杀螺颗粒剂7.5～10.5千克；⑦每公顷用45%百螺敌超微可湿性粉剂750克，可拌细沙、细土或饼屑75～150千克撒施；⑧每公顷用70%贝螺杀可湿性粉剂750克喷雾有较好防效；⑨每公顷用60～90千克茶籽饼，经粉碎后的茶籽粉可直接撒施于已耙好的田块或排灌沟上。⑩每公顷撒施420千克石灰亦可取得较好的防效。

【注意事项】　①杀螺类药剂对人体、水生动物等毒性较大，需注意保护。宜在幼螺时用药防治，防效高。大螺防治效果差，同时大螺死后外壳较硬，遗留田中易刺伤脚。②贝螺杀对人皮肤有强烈刺激作用，对水生生物毒性大，使用时要注意安全，不宜在套养鱼、虾的稻田中使用，还需防止药剂流入鱼塘。③施药后保持3～4厘米水层5～7天施药时田间保持5厘米浅水层，施药后保持水层7天左右，在此期间尽量保持水清澈，这样杀螺效果更佳。④螺消对鱼等水生动物有较强的杀伤作用，施用时要注意保护水生动物。同时螺消对人体有一定的刺激性，施药时要戴口罩、手套。

钻蛀性害虫是幼虫钻蛀进入水稻茎秆、叶鞘中危害的一类害虫，主要包括稻螟虫（二化螟、三化螟、台湾稻螟、大螟）及稻蚊、蝇类（稻瘿蚊、稻秆蝇、稻毛眼水蝇）等。

螟虫类（Rice stem borers）是我国水稻上最为常见、危害最烈的一类害虫，俗称“钻心虫”或“蛀心虫”，以幼虫钻蛀水稻叶鞘、茎秆甚至穗头等部位，造成枯鞘、枯心、死孕穗、白穗或虫伤株、花穗等症状，严重威胁水稻生产。由同一卵块上孵出的蚁螟危害附近的稻株，枯心或白穗常成团出现，致田间出现“枯心团”或“白穗群”。二化螟、三化螟、大螟是危害我国水稻最重要的3种螟虫，部分地区还分布有台湾稻螟、褐边螟等种类，除大螟属鳞翅目夜蛾科外，其余均属该目的螟蛾科。

表2-1 3种重要螟虫形态特征比较

内 容	二化螟	三化螟	大 螟
所属科别	螟蛾科	螟蛾科	夜蛾科
分布区域	各稻区均有分布，尤以长江流域及以南发生较重。3种螟虫中，东北稻区仅有此虫	山东莱阳、烟台以南地区，长江流域及以南较重	陕西周至、河南信阳、安徽合肥、江苏淮阴一线以南。长江流域及以南较重
近年发生面积	＞1700亿公顷	＞467万公顷	＞167万公顷
危害对象	水稻、茭白、玉米、甘蔗、稗草、芦苇、油菜、绿肥、麦苗和蚕豆等	水稻	水稻、麦、玉米、高粱、甘蔗、粟、油菜、棉花、香蕉、稗、芦苇、早熟禾等
发生代数	1～5	2～7	3～6
越冬虫态与场所	多以四至六龄幼虫于稻桩、稻草及茭白、田边杂草中滞育越冬	以老熟幼虫在稻桩内滞育越冬	以三龄以上幼虫在水稻、茭白、芦苇根部越冬。冬季温暖时多无明显滞育现象
越冬虫开始活动的最低温度	15℃	16℃	10℃

续表 2-1

内容		二化螟	三化螟	大螟
危害症状或习性	植株表现	枯鞘、枯心、枯孕穗、白穗、虫伤株	无枯鞘、有枯心、枯孕穗、白穗、虫伤株	枯鞘、枯心、枯孕穗、白穗、虫伤株
	蛀孔形态	近圆形,少量虫粪	小而圆,无虫粪,有时见干枯叶囊或茎囊	大,椭圆形或长椭圆形,附近常有较多虫粪
	粪便状况	较多,粪粒不清晰	少且粪粒较清晰	最多,粪粒不清晰
	秆内虫数	多头群集,多者可达数十,甚至上百	1头独居	1龄时群集,2龄后分散,多1头,少数多头
形态特性	幼虫	淡褐色,二龄以上幼虫腹部背面有暗褐色纵线5条	黄绿色,三龄起前胸背板后缘中线两侧各有1扇形或新月形斑	头红褐色,胸腹部淡黄色,背面带紫红色
	蛹	初时淡黄色至红褐色,具5条纵背线,后纵线无,红褐色	灰白色至黄绿色、黄褐色	淡黄色至黄褐色,头胸部具白粉
	成虫	黄褐色或灰褐色;前翅外缘有7个小黑点,雄蛾紫黑色斑点4个	翅面中央有1个黑点,雄蛾自翅尖指向后缘有1条暗褐色斜纹,外缘有小黑点7～9个	前翅长方形,淡黄褐色有光泽,翅中部从翅基至外缘有明显的暗褐色纵纹
	卵块	产于叶片或叶鞘表面,具绒毛状覆盖物	叶片或叶鞘表面,具胶质覆盖物	叶鞘内侧,排列成带状,无覆盖物

7. 二化螟[*Chilo suppressalis* (Walker)]

【发生危害】 二化螟是我国水稻上危害最为严重的常发性害

虫之一，国内各稻区均有分布，较三化螟和大螟分布广。主要以长江流域及华南稻区发生较重，东北稻区也有发生（三化螟和大螟不发生）。全国年发生面积超过1 667万公顷，是发生面积最大的害虫。危害对象：除水稻外，还可危害茭白、野茭白、玉米、甘蔗、稗草和芦苇等禾本科植物，早春越冬代幼虫还能危害油菜、绿肥、麦苗和蚕豆等。

【识别方法】

（1）危害症状　幼虫钻蛀稻株，危害部位因水稻生育期的不同而异。初孵幼虫先群集叶鞘内取食内壁组织，造成枯鞘，若正值孕穗期可集中在穗苞中危害造成花穗；二龄后开始蛀入稻茎危害，分蘖期造成枯心，孕穗期造成枯孕穗，抽穗期造成白穗，成熟期造成虫伤株。同一卵块孵化的不同幼虫或同一幼虫的转株危害常在田间造成枯心团、白穗团。幼虫常群集危害，钻蛀孔圆形，孔外常有少量虫粪；一根稻秆中常有多头幼虫，多者可达几十上百头，受害秆内虫粪较多。水稻前期受害与条纹叶枯病症状相像，要注意区别（彩图97～99）。

（2）形态特征　雌成蛾体长12～15毫米，额部有1个突起，头胸部及前翅黄褐色或灰褐色，前翅散布少量金属光泽鳞片；雄虫体长10～12毫米，前翅翅面散布褐色小点，中央有紫黑色斑点1个，其后另有3个同色小斑点呈斜形排列，外缘有7个小黑点；雌虫前翅外缘同样有7个小黑点，但翅面褐色斑点少，无紫黑色斑。卵呈鱼鳞状单层排列成卵块，外覆透明胶质物。幼虫通常6龄，也有5龄和7龄。二龄以上幼虫腹部背面有暗褐色纵线5条，两侧最外缘的纵线（侧线）为横贯气门的气门线，头部淡红褐色或淡褐色。蛹多在受害茎秆内（部分在叶鞘内侧），被薄茧，具羽化孔，初期淡黄色，背部可见5条棕色纵线，后变为红褐色，纵纹消失，蛹额中部凸起，腹末略呈方形，有8个突起（彩图92～96）。

（3）发生规律　在国内年发生1～5代，由北往南递增，东北

1～2 代，黄淮流域 2 代，长江流域和广东、广西 2～4 代，海南 5 代。多以四至六龄幼虫于稻桩、稻草及茭白、田边杂草中滞育越冬，未成熟的幼虫春季还可以取食田间及周边绿肥、油菜、麦类等作物。越冬幼虫抗逆性强，冬季气温影响不大，在 15℃以上开始活动、羽化，长江中下游一般在 4 月中下旬至 5 月上旬开始发生。但由于越冬环境复杂，越冬幼虫化蛹、羽化时间极不整齐，常持续约 2 个月，一般在茭白田中化蛹、羽化最早，稻桩中次之，油菜和蚕豆再次之，稻草中最迟。因此，越冬代及随后的各个世代发生期拉的较长，可有多次发蛾高峰，造成世代重叠现象，用药时因防治适期难以掌握，增加了药剂治理的难度和用药次数。

成虫多在晚间羽化，趋光性强，羽化后 3～4 天产卵最多，每雌产卵 2～3 块，1 代卵每块平均 39 粒，2 代卵每块 83 粒；喜选择植株较高、剑叶长而宽、茎秆粗壮、叶色浓绿的稻株产卵，卵产于叶片表面。

【防控技术】 采取“防、避、治”相结合的防治策略，以农业防治为基础，在掌握害虫发生期、发生量和发生程度的基础上合理施用化学农药，条件具备时，还可选用抗虫转基因水稻品种。

(1)农业防治　主要采取消灭越冬虫源、灌水灭虫和避害、利用抗虫品种等措施。

①冬闲田在冬季或翌年早春 3 月底以前翻耕灌水，及早处理含虫稻草，可把基部 10～15 厘米先切除烧毁，可显著降低越冬虫口数量。②合理安排冬作物，晚熟小麦、大麦、油菜、留种绿肥要注意安排在虫源少的晚稻田中，可减少越冬的基数。③尽量避免单、双季稻混栽的局面，可以有效切断虫源田和桥梁田，降低虫口数量。④单季稻区可适度推迟播种期(如浙江嘉兴可推迟 1 周)，可有效避开二化螟越冬代成虫产卵高峰期，降低危害。⑤灌水灭虫：在 1 代化蛹初期，先放干田水 2～5 天或灌浅水，降低二化螟化蛹部位，然后灌 7～10 厘米深水，保持 3～4 天，可使蛹窒息死亡。⑥

利用抗虫品种，生产上能利用的只有少量中抗或耐虫品种。但近年来，我国育成的一批转 Bt 基因或胰蛋白酶抑制剂(CpTI)基因抗虫水稻高抗螟虫(二化螟、三化螟)与稻纵卷叶螟，一旦获准商品化生产，可望为二化螟提供一种最为有效、可靠、经济的防治手段。

(2)物理防治　安装频振式杀虫灯诱杀成虫效果较好，可有效减少下代虫源。使用性诱剂(条、棒)防治二化螟有很好的效果，且绿色、安全。

(3)化学防治　仍是当前最为重要的防治二化螟的手段。为充分利用卵期天敌，应尽量避开卵孵盛期用药，一般在早、晚稻分蘖期或晚稻孕穗、抽穗期螟卵孵化高峰后 5～7 天，丛枯鞘率5%～8%或早稻每公顷有中心危害株 1 500 株或丛害率 1.0%～1.5%或晚稻危害团高于 1 500 个时用药。

①每公顷用 80%杀虫单粉剂 525～600 克；②每公顷用 25%杀虫双水剂 3 000～3 750 毫升；③每公顷用 20%三唑磷乳油 1 500 毫升，对水 750～1 125 升喷雾或对水 3 000～3 750 升泼浇；④每公顷用 25%杀虫双水剂 3 000～3 750 毫升或 5%杀虫双颗粒剂 15.0～22.5 千克拌湿润细干土 300 千克制成药土撒施。杀虫双防治二化螟还可兼治大螟、三化螟、稻纵卷叶螟等，对大龄幼虫杀伤力高、施药适期弹性大。

目前，在我国许多稻区二化螟已对杀虫双、三唑磷产生了严重抗药性。下列几种药剂可作为替换品种选用：①每公顷用 1.8%阿维菌素 1 号 225～300 毫升；②42%特力克乳油 450 毫升；③50%杀螟松乳油 0.75～1.5 千克；④50%杀螟腈乳油 1.5～2.25 千克；⑤90%晶体敌百虫 1.5～3.0 千克也可有效防治二化螟。

【注意事项】 ①禁止使用高毒、剧毒农药，大力提倡使用高效、低毒、低残留农药。②使用杀虫双时要注意防止家蚕中毒。③足药足水，提高防治效果；要坚持全株喷雾，田间要保持 3 厘米以上水层 5～7 天，以确保防治效果。

8. 三化螟[*Scirpophaga incertulas* (Walker)]

【发生危害】 异名 *Tryporyza incertulas*（Walker），属鳞翅目螟蛾科，广泛分布在我国山东莱阳、烟台以南地区，是长江流域及以南水稻主产区最为重要的常发害虫之一，曾是我国螟虫优势种，近几年年发生面积 467 万公顷以上，但除华南、长江沿线等地发生量较大外，发生数量均不及二化螟，总体上亦次于二化螟，居各种螟虫的第二位。危害对象：食性单一，仅危害水稻。

【识别方法】

(1)危害症状 幼虫钻蛀危害造成枯心、白穗、虫伤株及相应的枯心团、白穗群，没有二化螟那样的枯鞘。与其他螟虫有一显著不同特征—幼虫钻入之后在茎节上部将心叶或稻茎维管组织环切、咬断，切口颇整齐，形似“断环”，且一般每株仅有 1 头幼虫，株内虫粪较少，粪粒清晰，蛀孔整齐、圆形。三龄以上幼虫转株后常留叶囊或茎囊于蛀口外边或下方泥土上(彩图 104～106)。

(2)形态特征 雌成虫体长 10～13 毫米，前翅黄白色，中央有 1 小黑点；雄虫体长 8～9 毫米，前翅淡灰褐色，中央小黑点较小，自翅尖指向后缘仅中部有 1 条暗褐色斜纹，外缘有小黑点 7～9 个。卵常有 3 层叠成长椭圆形卵块，表面覆盖有黄褐色绒毛。幼虫多 4 龄，食料不适时 5 龄。三龄开始体成黄绿色，前胸背板后缘中线两侧各有 1 扇形斑或新月形斑，幼虫体表看起来较干燥，不像二化螟和大螟那样的湿滑。蛹灰白色至黄绿色、黄褐色，被白色薄茧，前有羽化孔；雄蛹较细瘦，腹部末端较尖，后足伸达第七、第八腹节，接近腹末；雌蛹较粗大，腹部末端圆钝，后足仅达第六节(彩图 100～103)。

(3)发生规律 我国各地由北往南年发生 2～7 代，长江中下游以 3 代为主，部分地区 4 代。以老熟幼虫在稻桩内滞育越冬，秋季光周期缩短是滞育的主要诱因。春季温度回升到 16℃后开始化蛹，其发生较二化螟稍迟，长江中下游一般在 4 月下旬至 5 月中旬开始发生。春季温暖干燥，越冬代化蛹、羽化提早，发生量增多，南方稻区春季大旱，当年容易成为大发生年。

成虫一般在晚上羽化，白天静伏稻丛，有强烈趋光性；卵产于叶片或叶鞘表面，尤其喜欢产于生长嫩绿茂盛，处于分蘖、孕穗至抽穗初期的稻田。产卵期2～6天，每雌虫产卵1～7块，平均2～3块，每块卵粒数因代别而异，第一代40～50粒，第二、第三代分别为75～80粒、90～120粒。

【防控技术】

(1)*农业防治* 除冬季作物田的安排不必考虑外，其余同二化螟。

(2)*物理防治* 安装频振式杀虫灯诱杀成虫效果较好，可有效减少下代虫源。

(3)*化学防治* 用药适期除卵孵盛期与水稻孕穗末期至破口期相遇而必需用药之外，其余同二化螟相似，均应避开卵孵高峰，在卵孵盛期后至幼虫造成枯心或白穗之前用药。药剂种类与施药方法同二化螟。

【注意事项】 参见二化螟。

9. 大螟(*Sesamia inferens* Walker)

【发生危害】 属鳞翅目，夜蛾科，又名稻蛀茎夜蛾。国内分布于北纬34°以南，即陕西周至、河南信阳、安徽合肥、江苏淮阴一线以南。该虫源仅在稻田周边零星发生，随着耕作制度变化，特别是双季稻区推广杂交稻以后，发生数量上升，成为水稻常发性主要害虫，年发生面积超过167万公顷，长江流域稻区在几种螟虫中局部比例可高达到30%～40%。危害对象：除水稻外，还危害麦、玉米、高粱、甘蔗、粟、油菜、棉花和香蕉等作物及稗、芦苇、早熟禾等禾本科杂草。

【识别方法】

(1)*危害症状* 与二化螟相似，幼虫危害造成枯鞘、枯心、死孕穗、白穗和虫伤株及相应的枯心团和白穗群，稻秆内可有多头幼虫，但蛀孔较二化螟大，且为长圆形或长条形，边沿不整齐，秆外、秆内均有大量虫粪，易与二化螟和三化螟区分。

(2)形态特征　成虫体长12～15厘米，头胸部淡黄褐色，腹部淡黄色，前翅长方形，淡黄褐色，有光泽，翅中部从翅基至外缘有明显的暗褐色纵纹，该线上下各有2个小黑点，雌蛾触角丝状，雄蛾触角栉齿状。卵扁球形，2～4行于叶鞘内侧排列成卵带。幼虫6龄，少数5龄或7龄，虫体粗壮，头红褐色，胸腹部淡黄色，背面带紫红色。蛹初淡黄色，后黄褐色，头、胸部具白粉，腹部末端有4个短齿，腹面2个相距较近，背面2个相距较宽(彩图107～110)。

(3)发生规律　江、浙、沪和安徽1年发生3～4代，赣、湘、鄂4代，闽4～6代。以三龄以上幼虫在水稻、茭白、芦苇根部越冬。未老熟幼虫早春气温上升到10℃以上开始取食麦类、绿肥、油菜、茭白和蚕豆，越冬时间较短，冬季气候温暖时大部分幼虫没有明显滞育现象，15℃以上开始化蛹、羽化，每年发蛾期早于二化螟、三化螟，通常大多早稻尚未插植，故第一代多在田边杂草及甘蔗、玉米、茭白上危害，第二代才转移到水稻田危害。由于不同水稻茬口越冬虫龄不同，冬季寄主及小气候复杂，越冬代成虫发生期长，峰次多，导致该虫世代重叠。

成虫白天潜伏稻丛或杂草基部，夜晚活动，趋光性不及二化螟和三化螟，但对黑光灯有较强趋性。喜高大植株产卵，田边稻株着卵较多。

【防控技术】　防治策略同二化螟、三化螟，即采取“防、避、治”相结合的策略，以农业防治为基础，在掌握虫情的基础上合理施用化学农药。

(1)农业防治　①压低及杀灭越冬虫源，可于早春前处理稻茬及其他寄主(如田边杂草、玉米、茭白)越冬残株；②在大螟转移危害水稻之前，及时铲除田边杂草可有效降低第一代虫量。

(2)物理防治　安装频振式杀虫灯诱杀成虫效果较好，可有效减少下代虫源。

(3)化学防治　一般可在防治二化螟、三化螟时兼治，若发生量较大需单独防治。生产上当枯鞘率达5%或始见枯心苗危害状时，以挑治田边6～7行水稻为主，掌握在一至二龄幼虫阶段及时用药。① 每公顷用18%杀虫双水剂3 750毫升；②每公顷80%杀虫单粉剂525～600克；③每公顷用90%敌百虫晶体750～1 125克；④每公顷用50%杀螟松乳油1 500毫升；⑤每公顷用50%杀螟丹乳油1 500毫升喷雾；⑥每公顷用90%晶体敌百虫1500克加40%乐果乳油750毫升对水喷雾。喷雾用水量一般每公顷750～1 125升。

【注意事项】 参见二化螟。

我国稻区常见的钻蛀性害虫有稻瘿蚊、稻秆蝇、稻毛眼水蝇等钻蛀水稻茎、叶的蚊、蝇类害虫。在苗期或孕穗期危害较重，水稻抽穗后一般不再侵害或危害不大。

10. 稻瘿蚊[*Orseclia oryzae* **(Wood－Mason)**]

【发生危害】 属双翅目，瘿蚊科。国内分布于粤、桂、滇、海南以及闽、赣、湘、贵等省、自治区，是华南、西南地区中、晚稻的重要害虫，局部地区危害超过螟虫和稻纵卷叶螟。原主要在山区或丘陵地区危害重，近年在地势平坦地带亦可较重发生。自20世纪90年代中、后期以来，一些原本发生不严重或多年不发生的地区开始上升，如江苏洪泽。危害对象：水稻、普通野生稻和游草等。

【注意方法】

(1)危害症状　幼虫蛀食水稻苗期生长点，幼穗分化后一般不再受害。受害初期无症状，待至产卵后12～15天稻苗才出现症状，即水稻生长点破坏，葱管形成，心叶缩短，分蘖增多，茎基部膨大，再过5～6天葱管抽出成“标葱”(彩图111)。

(2)形态特征　雌成虫体长3.5～4.5厘米，体淡红色，密布细毛，触角黄色；雄虫略小，触角远较雌虫的长。卵长椭圆形，表面光滑。幼虫3龄，似纺锤形，末龄幼虫头部两侧有1对很短的触角，第二节腹面中央有1红褐色叉状骨。蛹头部有顶角1对，雌蛹长4.5厘米，橙红色，腹末渐细；雄蛹长3.6厘米，腹末突然收缩（彩图112～113）。

(3)发生规律　以一龄幼虫在李氏禾、野生稻中越冬，云南南部及海南亦可见在再生稻、落谷自生苗越冬。该虫一般1年发生6～8代，在广东南部及海南则可发生9～11代，第二代后世代重叠，很难分清代次，但各代成虫盛发期明显。第一、第二代发生量少，危害早稻较轻，第三代数量激增，对中稻和单季晚稻秧田有严重危害，第四至第六代虫口多，危害迟中稻和晚稻严重，之后迁入越冬寄主。

【防控技术】

(1)农业防治　①铲除越冬寄主游草、再生稻、落谷稻等减少越冬虫源。②积极调整农田耕作制度，减少稻瘿蚊桥梁田简化稻作。③大力提倡栽培避蚊，早发苗、早控苗、控好苗，是减轻稻瘿蚊危害的关键技术。④种植抗虫品种，我国目前有部分品种对稻瘿蚊有较好抗性，生产上可以充分利用这些品种。

(2)物理防治　安装频振式杀虫灯诱杀成虫效果较好，可有效减少下代虫源。

(3)化学防治　危害较重的中稻、晚稻田需药剂防治，重点在秧田期和本田早期用药。

①秧田期防治　播种前或秧苗1叶1心期每公顷用毒土法将米乐尔或10%丙线磷颗粒剂15.0～18.75千克拌细土或细沙150～225千克撒施；若秧苗移栽前7～10天发现秧苗内活虫率超过2%时，每公顷用48%毒死蜱乳油1 350～1 500毫升或每公顷用40%乐果乳油3 750毫升拌毒土法撒施；若移栽前发现秧苗带虫，90%晶体敌百虫800倍液，浸秧根后在阴凉处用薄膜覆盖5小时再移栽。

②本田防治　在移栽后 7～20 天内幼虫孵化高峰期用药，方法同秧田期，药量可适量增加。此外，还可选用中低毒、低残留的农药如 B. t、毒死蜱、稻瘿蚊净、三唑磷等农药。

注意采用“药肥兼施，以药杀虫，以肥攻蘖，促蘖成穗”的原则，一般施药时每公顷拌施尿素 105～150 千克，可进一步利用稻苗较强的补偿力降低稻瘿蚊的危害。

【注意事项】　①毒死蜱不能与碱性农药混用，为保护蜜蜂，应避免在开花期使用。②药液喷于稻株中下部，施药时保持田间水层 3 厘米以上 5～7 天，各种作物收获前应停止用药。③发生中毒送医院治疗，可注射阿托品。

11. 稻秆潜蝇(*Chlorops oryzae* Matsumura)

【发生危害】　属双翅目，秆蝇科，别名稻秆蝇、稻钻心虫、双尾虫。国内分布于西南、华南、长江中下游地区，过去为次要害虫，但近年来，四川、重庆、贵州、浙江、江苏等省稻区呈迅猛上升的趋势，特别是山区、丘陵等气候较凉的地区更是暴发成灾，局部地区危害甚至超过螟虫和稻纵卷叶螟。危害对象：危害水稻、麦及游草、稗、看麦娘和棒头草等禾本科植物。

【识别方法】

(1)危害症状　以幼虫钻入稻茎危害心叶、生长点及幼穗，一般初孵幼虫钻入后 5～8 天出现被害症状。苗期受害，被害心叶抽出后有椭圆形或长条形小孔洞，以后发展为纵裂长条，叶片破碎。主茎生长点受害后，分蘖增多，植株矮小，抽穗延迟，穗头小，秕谷多。幼穗分化期受害，颖花退化，形不成正常谷粒，抽穗后表现为穗上部 1/3 或部分无谷粒，仅有少许退化发白枝梗或畸形小颖壳，称“花白穗”或“雷打稻”，严重时，穗呈白色，直立不弯头，与螟害白穗似。抽穗后，幼虫只取食叶鞘，仅造成一点小伤痕，水稻受害很轻(彩图 117)。

(2)形态特征　成虫体长 2.3～3 厘米，鲜黄色，胸背有 3 条黑色粗大的纵斑，其两侧尚有短而细的黑色纵斑；腹部各节背面基部有黑褐色横带，第一腹节背面两侧各有1黑褐色小斑点。卵长椭圆形。幼虫老熟时体长约10厘米，淡黄白色有光泽，近纺锤形，前端略尖，口器浅黑色，尾端分2叉。蛹长约6厘米，淡黄褐色，尾端分叉同幼虫（彩图114～116）。

（3）发生规律　西南与长江中下游一般年发生3代，以幼虫在看麦娘、游草、棒头以及麦类等越冬寄主上越冬。

成虫多在上午羽化，白天活动。越冬代每雌产卵26～50粒，第一代2～81粒，第二代1～31粒。卵散产于稻叶表面，一般每叶1粒，少数1叶多粒。叶色浓绿的稻田着卵量较多。

幼虫多在早上4～6时孵化，借露水湿润向下移动至叶枕处钻入叶鞘（一旦露水干掉，幼虫不能侵入），再侵入心叶或幼穗，一般1株1虫，少数1株2虫。

【防治方法】

（1）农业防治　①越冬幼虫化蛹羽化前，及时清除田边及周边杂草，恶化该虫的越冬生存环境，可压低当年虫口基数；②适当调整播种期或选择生育期适当的品种，可避开成虫产卵高峰期，如中稻地区适当选用早熟品种，使提早抽穗，可避开2代幼虫危害幼穗的危险期；③选用抗虫品种；④合理密植，不偏施、迟施氮肥，进行配方施肥，使水稻生长健壮。

（2）化学防治　在发生较重的地区或年份，重点防治第一代，掌握成虫盛发期或幼虫盛孵期用药，农药可选用：①每公顷用48%毒死蜱乳油1 125毫升；②每公顷用1.0%阿维菌素乳油187.5毫升；③每公顷用20%丁硫克百威乳油750毫升；④每公顷2.5%吡虫啉450克对水750～900升喷雾；⑤每公顷用10%杀虫双大粒剂1.0千克撒施。

【注意事项】　在防治主要水稻害虫如稻飞虱、螟虫、稻纵卷叶螟时兼治稻秆潜蝇，注意事项可参考上述主要害虫。

刺吸式害虫主要有稻飞虱、稻叶蝉、稻椿象、稻蓟马等害虫，以吸食水稻汁液为主。前两者均属同翅目，是水稻主要害虫，口器针状，体型较小，前翅膜质。

稻飞虱属飞虱科，头较窄，触角基部两节膨大、粗壮，端部丝状，后足有跗节有可活动的“大距”，重要种类褐飞虱、白背飞虱、灰飞虱，体色一般黄褐色至黑褐色。

稻叶蝉属叶蝉科，头较宽，触角丝状，后足跗节无“距”，但具纵列小刺，重要种类黑尾叶蝉、白翅叶蝉等体色多绿色或白色。

稻椿象属半翅目，水稻穗期间歇性、局部危害的害虫，口器针状，体型中等，前翅有两种不同质地，即革质区（较硬）和膜质区。

稻蓟马属缨翅目，水稻苗期和分蘖期常发性害虫，口器锉吸式，体型最小，肉眼难以看清细节，其翅狭长，前后缘具长缨毛。

自20世纪70年代以来，稻飞虱类害虫（Rice planthoppers）上升为我国最主要的水稻害虫之一，年发生面积800万～1 000万公顷，20世纪80年代以来跃升至约1 333万公顷，占我国水稻种植面积的1/2，有所谓的“小虫子大危害”。

我国稻田飞虱种类常见有10余种，但真正造成严重危害的仅褐飞虱［*Nilaparvata lugens*（Stal）］、白背飞虱［*Sogatella furcifera*（Horvath）］、灰飞虱［*Laodelphax striatellus*（Fallén）］三种，除灰飞虱是本地越冬虫源外，褐飞虱、白背飞虱均是世界著名的典型迁飞性害虫，是我国水稻最为重要的“两迁害虫”之一，长江流域及以南稻区连年受害。长江流域稻区，一年中前期以灰飞虱为主，主要危害早稻分蘖期；中期以白背飞虱为主，主要危害早稻穗期，单季中、晚稻分蘖期；后期以褐飞虱为主，主要危害晚稻和单季中晚稻穗期。总体上以褐飞虱的危害最大，但近年来白背飞虱数量迅速上升，除西南地区外，在华南、长江流域大部分稻区的早、中、单晚甚至双季晚稻上均发生严重危害，发生面积超过褐飞虱。

稻飞虱对水稻的危害主要包括3个方面：①大量虫口直接吸食水稻汁液，造成稻株营养成分和水分的大量流失，被害稻田常先在田间出现“黄塘”、“穿顶”、“虱烧”，逐渐扩大成片，甚至全田枯死。②稻飞虱还可以传播多种水稻病毒病造成间接危害（表2-2），其中灰飞虱传播的条纹叶枯病、黑条矮缩病等病毒病害造成的危害甚至超过了其吸食稻株汁液造成的危害。③稻飞虱吸食过程中还会排出大量的蜜露，沾满蜜露的叶片常孳生大量烟煤病及其他腐生性病害，影响叶片正常的生理功能。此外，成虫产卵时刺穿组织，造成大量伤口，为小球菌核病、纹枯病等通过伤口入侵的病害的侵染提供有利条件。

表2-2 水稻上3种飞虱形态特征、危害症状比较

内容	褐稻虱	白背飞虱	灰飞虱
害虫形态特征	卵香蕉状，产于叶鞘或叶片组织，排列整齐，有胶质物紧密联结，明显产卵痕，初为乳白色半透明，后前端出现红色眼点，近孵化时淡黄色 低龄若虫体色淡，呈灰白色或淡黄色，高龄若虫有浅、深色型两类，若虫落水两后足呈“一”字形 成虫有长、短两种翅型，前胸背板、中胸背板均为褐色、黑褐色或黄褐色	卵长椭圆形，数粒至数十粒成单行排列成卵条位于叶鞘和中脉组织内，各卵顶端较褐飞虱卵尖且相互间分开，不露出或稍露出稻株组织，产卵痕微裂。卵初产时乳白色，后淡黄色，具红色眼点 若虫5龄，体灰褐色至灰黑色，成虫有长、短两种翅型 成虫头顶、前胸背板、中胸背板中域黄白色	卵长椭圆形，稍弯曲，前端细于后端 若虫5龄，胸背面沿正中有纵行浅色部分，腹部4、5节有“八”字形浅色斑纹，附近有一个较周围色浅的区域，腹部各节分界明显，腹节间有白色的细环圈，若虫落水两后足呈“八”字形 成虫长、短两种翅型，额、颊黑色；雌虫头顶、前胸背板黄色，中胸背板淡黄色

续表 2-2

内　容	褐稻虱	白背飞虱	灰飞虱
危害症状	成、若虫群集于稻丛下部，刺吸稻汁液，褐色伤痕、斑点，稻丛下部变黑色，逐渐全株枯萎出现“黄塘”、“穿顶”或“虱烧”，甚至全田荒枯，造成严重减产或颗粒无收 传播齿叶矮缩病、草丛矮缩病、凋萎型矮缩病等。仅危害水稻和普通野生稻	同“褐飞虱”，但成、若虫在稻株上的分布位置较褐飞虱高。白背飞虱对温度的适应性比褐飞虱强，耐寒力强于褐飞虱，生长适温范围 15℃～30℃，宽于褐飞虱。迁入期较褐飞虱早 传播齿叶矮缩病、凋萎型矮缩病等。食性广	成、若虫都以口器刺吸水稻汁液危害，一般群集于稻丛中上部叶片，严重发生时出现枯黄，少出现类似褐飞虱和白背飞虱的“虱烧”、“冒穿” 传播条纹叶枯病、黑条矮缩病、条纹矮缩病等。食性广

12. 褐飞虱[*Nilaparvata lugens* (Stal)]

【发生危害】 别名褐稻虱、稻褐飞虱，分布于除黑龙江、内蒙古、青海和新疆以外的我国所有省、市、自治区，尤以长江流域及以南的各省发生量大。危害对象：食性较单一，只危害水稻及普通野生稻等稻属植物。

【识别方法】

(1)危害症状　成、若虫都能危害，一般群集于稻丛下部，密度很高时或迁出时才出现于稻叶上。用口器刺吸水稻汁液，消耗稻株营养，并在茎秆上留下褐色伤痕、斑点，分泌蜜露引起叶片煤烟病孳生及其他腐生性病害，严重时，稻丛下部变黑色，逐渐全株枯萎。被害稻田常先在田中间出现“黄塘”、“穿顶”或“虱烧”，甚至全田枯死，造成严重减产或颗粒无收。此外，褐稻虱是齿叶矮缩病的传毒媒介，多见于闽、粤、赣一带(彩图 121～124)。

(2)形态特征　成虫有长、短两种翅型，长翅型连翅长 3.6～

4.8 毫米，前翅端部超过腹末；短翅型雌虫体长 4 毫米，雄虫约 2.5 毫米，前翅端部不超过腹末。体色分为深色型和浅色型，前者头与前胸背板、中胸背板均为褐色或黑褐色，后者全体黄褐色，仅胸部腹面和腹部背面较暗（彩图 118～120）。

卵呈香蕉状，产于叶鞘或叶片中肋组织中，卵粒前端“卵帽”排列成整齐的一行，微露于水稻组织表面，卵粒间及卵粒与水稻组织间有胶质物紧密联结，2～3 天后，卵块周围出现褐色短斑纹，呈明显的“产卵痕”；卵初产时乳白色半透明，后前端出现红色眼点，近孵化时淡黄色。

若虫共 5 龄，体长分别为 1.1 毫米、1.5 毫米、2 毫米、2.4 毫米和 3.2 毫米，腹背斑纹和翅芽也是区分各龄若虫的主要特征。一至二龄腹部背面有淡色“T”形斑，均无翅芽，一龄若虫后胸后缘平直，二龄后胸两侧略向后伸；三至五龄若虫腹部第四、第五节各有一对较大的淡色斑，7～9 节淡色斑呈“山”字形。三龄虫中后胸开始有明显翅芽，呈“八”字形，但前翅芽末端不达后胸后缘；四龄虫翅芽更明显，前翅芽末端伸达后胸后；五龄虫前翅芽末端伸达腹部 3～4 节，前后翅芽末端彼此接或前翅芽伸过后翅芽。低龄若虫体色淡，呈灰白色或淡黄色，高龄若虫有浅色型和深色型两类，前者体色灰白，体上斑纹较模糊，后者黄褐色，斑纹清晰；若虫落水后，两后足呈“一”字形，易与白背飞虱和灰飞虱若虫区别。

（3）发生规律　年发生代数因南北地理纬度而不同，吉林通化仅 1～2 代，海南 12～13 代，除北纬 21°以南地区可终年繁殖、北纬 21°～25°间少量间歇越冬外，北纬 25°以北均不能越冬，每年虫源由南方迁飞而来。是一种逐代、逐区、呈季节性南北往返迁移的害虫，受我国东亚季风进退的气流和作物生长的物候规律性的季节变化所同步制约。一般每年 3 月下旬至 5 月份，随西南气流由中南半岛迁入广东、广西发生区（北纬 19°至北回归线），在该区繁殖 2～3 代，于 6 月间早稻黄熟时产生大量长翅型随季风北迁，主降于南岭发生区(北回归线至北纬26°～28°),7月中下旬南岭区早稻黄熟收割,再北迁至长江流域及以北地区。9月中下旬至10月上旬,长江流域及以北地区水稻黄熟产生大量长翅型,随东北气流向西南回迁。外来虫源区,每年虫源迁入的迟早和数量对当地褐飞虱的发生迟早、世代数和发生程度有直接影响。

成虫有强趋光性,晚间8～11时扑灯多。成虫长翅型为迁飞型,短翅型为居留繁殖型,其产卵前期较长翅型短,繁殖力较强。一般分蘖期和孕穗期水稻有利于短翅型的产生,黄熟期水稻利于长翅型产生。虫口密度过大会诱发长翅型比例增高。

在26℃～28℃条件下,成虫寿命15～25天,产卵前期2～3天,卵期7～8天,若虫期10～12天。雌虫繁殖力强,每雌虫产卵150～500粒,最多700～1 000粒。成、若虫多群集于稻丛基部附近取食,一般不大移动,遇惊动则落水跳往他处。喜温爱湿,生长适温20℃～30℃,最适温26℃～28℃,适宜湿度在80%以上,盛夏不热、深秋不凉、夏秋多雨是该虫大发生的气候条件。肥水管理不当,如没有认真搁田,排灌措施不好导致地下水位高或施肥不当导致叶片徒长、荫蔽度大,即使降水量不多也因田间小气候湿度大而有利于褐飞虱的大发生。

【防控技术】 充分利用农业增产措施和自然因子的控害作用,创造不利于害虫而有利于天敌繁殖和水稻增产的生态条件,在此基础上根据具体虫情,合理使用高效低毒的化学农药。

(1)农业防治 ①实施连片种植,合理布局,防止褐飞虱迁回转移危害。②合理栽培,科学管理肥水,做到排灌自如;合理用肥,防止田间封行过早、稻苗徒长荫蔽,增加田间通风透光度,降低湿度。③利用抗虫品种,我国目前有一大批抗褐飞虱的水稻品种育成和得以推广,成为褐飞虱治理的关键措施。④保护利用自然天敌,除减少施药和施用选择性农药以外,可通过调节非稻田生境提高其中天敌对稻田害虫的控制作用。

(2)物理防治　安装频振式杀虫灯诱杀成虫效果较好，可有效减少下代虫源。使用模拟飞虱鸣声和性诱剂防治灰褐飞虱有一定的效果，且绿色、安全。

(3)化学防治　采用“突出重点、压前控后”的防治策略，选用高效、低毒、选择性农药。

①每公顷25%噻虫嗪(阿克泰)90～120克，在若虫发生盛期施药，喷液量500～600千克；②25%吡蚜酮300～450克；③40.7%毒死蜱乳油1 200～1 500毫升；④用25%噻嗪酮(扑虱灵)1 200克+40%毒死蜱1 500毫升(或48%毒死蜱1 200毫升)；⑤用17%阿维菌素·毒死蜱360克；⑥80%敌敌畏300～400毫升拌毒土在上午稻田露水干后撒施熏蒸。⑦用25%噻嗪酮·异丙威(叶蝉散)可湿性粉剂(有效成分)460～520克。

由于过去对褐飞虱的防治主要有噻嗪酮、吡虫啉和氟虫腈(锐劲特)，而且效果好，持效期长。但近年噻嗪酮对飞虱防效下降，对吡虫啉产生了较严重抗药性，噻嗪酮自2009年10月1日起禁用。因此，在防治稻飞虱时最好是结合其他病虫害防治进行药剂混用，也可将过去的老药与噻嗪酮、吡虫啉混用。如敌敌畏+吡虫啉、毒死蜱+吡虫啉、或敌敌畏+异丙威阿维菌素+吡虫啉(或灭虱净)、或敌敌畏+叶蝉散等。

【注意事项】　①施药时一定要保持田间有3～5厘米水层。褐飞虱大发生时要选用毒死蜱与噻嗪酮类药剂混合防治，达到长短效相结合，同时要适当加大剂量。②用水量是影响褐飞虱防治的关键因素之一，每公顷用水量必须在750千克以上，可在早上带露水用药，确保药剂喷洒至稻株基部。③水稻后期要严格掌握农药安全间隔期，严禁使用高毒农药，确保无公害稻米的生产。④为防止后期褐飞虱增殖，禁用菊酯类农药及其复配制剂及甲胺磷等防治稻飞虱，褐飞虱吡虫啉类药剂(如蚜虱净、千红、抗虱丁等)已产生高抗药性，防治效果较差，应停用吡虫啉，轮换使用噻嗪酮、毒死蜱、敌敌畏等药剂，示范推广吡蚜酮等新型药剂，控制三唑磷的使用。⑤注意药剂的轮用，单季水稻使用同一种药剂的次数不超过 2 次。⑥水稻中早期注意避免使用敌敌畏，以免杀伤天敌，不利于飞虱的防治。⑦收获前 7 天，停止使用化学农药，以防稻谷农药残留。

13. 白背飞虱[*Sogatella furcifera* (Horvath)]

【发生危害】 广泛分布于国内各稻区，长江流域及以南地区受害尤重，主要危害早稻、中稻和一季晚稻，20 世纪 90 年代中后期以来，长江中下游及华南稻区其发生程度上升，对晚稻亦有严重危害，发生面积甚至超过褐飞虱而成为危害最大的稻飞虱种类（但 2005 年以来褐飞虱又复上升）。危害对象：危害对象较褐飞虱广，最喜取食水稻，亦危害野生稻、茭白、甘蔗、稗草、狗尾草、看麦娘、游草、麦等禾本科植物。

【识别方法】

（1）危害症状　似“褐飞虱”，但成、若虫在稻株上的分布位置较褐飞虱高（彩图 129～130）。

（2）形态特征　成虫有长、短两种翅型，雌虫长翅型连体长 4.0～4.6 毫米，短翅型约 3.5 毫米，雄虫一般为长翅型，连体长 3.2～3.6 毫米，短翅型罕见，长 2.7～3.0 毫米。头顶、前胸背板、中胸背板中域黄白色，整体上头胸部背面看起来有一黄白色的纵带；头顶长方形，长度为基部宽度的 1.33 倍，额以中部最宽。前胸背板侧区在复眼后方具新月形暗褐色斑；前翅具黑褐色翅斑。雄虫中胸背板侧区为黑褐色，面部额、颊、唇基黑色，脊黄白色，胸部腹面及整个腹部亦为黑色。雌虫中胸背板侧区黄褐色或橙红色，整个面部、胸、腹部腹面为黄褐色。该虫在稻田有近似种—稗飞虱[*S. longifurcifera* (Esaki et Ishihara)]，区别在于稗飞虱雄虫额与唇基淡黄色，颊区黑褐色，雌虫无翅斑（彩图 125～128）。

卵长椭圆形，数粒至数十粒成单行排列成卵条位于叶鞘和中脉组织内，各卵顶端较褐飞虱卵尖且相互间分开，不露出或稍露出稻株组织，产卵痕微裂。卵初产时乳白色，后淡黄色，具红色眼点。

若虫5龄，体灰褐色至灰黑色，体长分别为1.1毫米、1.3毫米、1.4～2.0毫米、1.5～2.2毫米和2.0～3.1毫米，此外，腹背斑纹和翅芽是区分各龄的主要特征。一龄虫各节间和中线淡色，呈较清晰的“丰”字形斑纹；二龄后胸两侧略向后延伸，虫腹背灰褐色，第二、第三腹节淡褐色，各节间和中线仍淡色、较清晰，以后各龄该特性仍保持不变；三龄虫翅芽明显出现，第三、第四腹节背面各嵌有1对乳白色近三角形斑纹；四龄前后翅芽长度相等，乳白色三角形斑纹清楚；五龄虫前翅芽尖端超过后翅芽尖端，斑纹同四龄(图2.12-1～2.12-3)。

(3)发生规律　同褐飞虱一样是一种长距离季节性迁飞的害虫，我国大部分地区均不能越冬，初始虫源均系异地迁飞而来。海南南部终年繁殖区1年发生11～12代，往北发生代数减少，按纬度大致分为，北纬24°～25°间年发生8代，26°～27°间年发生7代，27°～30°间年发生6代为主，30°～32°间年发生5代为主，32°～40°间以4代为主，40°～44°间年发生3代。外来虫源区，白背飞虱的发生代数除与不同纬度地区气候差异密切相关外，还随虫源迁入的迟早、水稻耕作制度和海拔条件而异。

成虫有强趋光性和趋嫩性。25℃～29℃下，卵历期6～9天，若虫历期10～15天，雌虫寿命约20天，雄虫约15天。雌虫产卵期一般10～19天，每雌产卵180～300粒，其在稻株上的产卵部位随水稻生育期延迟而逐渐上移，分蘖期多产于稻茎下部叶鞘，孕穗期稻茎中部叶鞘，黄熟期则多产于倒1、2叶中肋。白背飞虱对温度的适应性比褐飞虱强，耐寒力强于褐飞虱，生长适温范围15℃～30℃，宽于褐飞虱。对湿度要求亦较高，适宜空气相对湿度80%～90%。

【防控技术】　①每公顷40%毒死蜱1 200～1 500毫升。②每公顷20%异丙威2 250毫升。③每公顷25%噻嗪酮(扑虱灵)

750～900克。以上药剂对水750～900升喷雾防治，其他参见褐飞虱。

【注意事项】 ①以白背飞虱为主的田块仍可使用吡虫啉防治。②由于噻嗪酮对低龄若虫防效较好，要求防治适期掌握在卵孵高峰至低龄若虫高峰期，用足水量，打准部位，大水量喷粗雾，药后田间保持3～5厘米水层5天左右，可提高防治效果。③如田间缺水，且以高龄若虫和成虫为主，可以用敌敌畏毒土熏蒸，其他参见褐飞虱。

14. 灰飞虱[***Laodelphax striatellus* (Fallén)**]

【发生危害】 全国各稻区均有分布，以长江中下游及华北稻区发生较多，其中长江中下游仅在早稻上数量较多，但近年在部分稻区晚稻穗期亦有危害。危害对象除水稻外，还有大麦、小麦、玉米、稗、李氏禾、狗尾草、千金子和双穗雀稗等禾本科植物。

【识别方法】

(1)危害症状　成、若虫都以口器刺吸水稻汁液危害，一般群集于稻丛中上部叶片，近年发现部分稻区水稻穗部受害亦较严重，虫口大时，稻株汁液大量丧失而枯黄，同时因大量蜜露洒落附近叶片或穗子上而孳生霉菌，但较少出现类似褐飞虱和白背飞虱的“虱烧”、“冒穿”等症状(彩图134)。灰飞虱是传播条纹叶枯病等多种水稻病毒病的媒介，所造成的危害常重于直接吸食危害，被害株表现为相应的病害特征(见病害诊断部分)。

(2)形态特征　长翅型成虫连翅长雄虫3.5毫米，雌虫约4毫米；短翅型雄虫长2.3毫米，雌虫长2.5毫米，均较褐飞虱略小。成虫额、颊黑色；雌虫头顶、前胸背板黄色，中胸背板淡黄色，两侧暗褐色，在整体上可见头胸部背面有黄色或淡黄色纵带；雄虫仅头顶、前胸背板黄色，中胸背板深黑色。卵长椭圆形，稍弯曲，前端细于后端。若虫5龄，胸背面沿正中有纵行浅色部分，后端与腹部背面中央浅色的中纵线相连，腹部4、5节有“八”字形浅色斑纹，附近有一个较周围色浅的区域，腹部各节分界明显，腹节间有白色的细环圈。落水若虫后足向后伸呈“八”字形（彩图 131～133）。

（3）发生规律 北方稻区 1 年发生 4～5 代，江苏、浙江、湖北、四川等长江流域稻区发生 5～6 代，福建 7～8 代，田间世代重叠。属本地越冬害虫，以三至四龄虫（少量五龄虫）在麦田、紫云英或沟边杂草上越冬。在稻田出现远比褐飞虱、白背飞虱早。华北稻区越冬若虫 4 月中旬至 5 月中旬羽化，在迟嫩麦田繁殖 1 代后迁入水稻秧田和直播本田、早栽本田或玉米地，6～7 月份大量迁入本田危害，至 9 月初水稻抽穗期至乳熟期第四代若虫数量最大，危害最重；南方稻区越冬若虫 3 月中旬至 4 月中旬羽化，以 5～6 月份早稻中期发生较多。

【防控技术】 灰飞虱是水稻条纹叶枯病、黑条矮缩病的传毒媒介昆虫，有“防虫治病”的作用。①每公顷秧田用 25％吡蚜酮 300 克。②每公顷秧田用 25％吡蚜酮 240 克＋40％毒死蜱 EC750 毫升对水 450 升喷细雾或对水 225 升弥雾。③第二次用药：每公顷上述药剂加病毒钝化剂 31％病毒康 600 克或加 50％氯溴异氰尿酸（灭菌威）900 克以控制病害流行（参见褐飞虱和白背飞虱）。

【发生事项】 ①为提高防治效果，第一次用药以速效性药剂为主，第二次药以持效性药剂为主，不同药剂交替轮换使用。②因灰飞虱有短距离迁移和回迁现象，要求以镇或村、组为单位，根据播栽期，统一时间全面用药防治，并对路、渠、沟边杂草同时用药，以防灰飞虱来回逃窜，确保防效。③施药时必须保持田间 3～5 厘米水层 3 天以上。药后田水不要外溢到河沟，以免发生蚕、蜜蜂和鱼、虾中毒事故。其他参见褐飞虱和白背飞虱。

叶蝉类害虫（leafhoppers）是以成、若虫刺吸危害水稻叶鞘、叶片，造成斑点、发黄或枯死，叶蝉也是东格鲁病毒病、普通矮缩病等病毒病的传毒媒介昆虫，且传毒危害比直接取食造成的危害更严重。主要有黑尾叶蝉、二点黑尾叶蝉和二条黑尾叶蝉。

15. 稻叶蝉(Rice leafhoppers)

【注意危害】 危害水稻的叶蝉类昆虫的统称，是我国水稻的重要害虫，广泛分布于各稻区，尤以南方稻区发生较重，同稻飞虱相似，除直接取食危害外，还传播水稻病毒病，后者的危害常超过直接吸食。国内常见的稻田叶蝉有10多种，以黑尾叶蝉[*Nephotettix cincticeps* (Fabricius)]发生最普遍。广东、广西及云南、四川南部等地则以二点黑尾叶蝉[*N. virescens* (Distant)]或二条黑尾叶蝉[*N. apicalis* (Mots.)]为优势种。

黑尾叶蝉 *N. cincticeps*，异名 *N. bipunctatus* (Fabricius)，别名黑尾浮尘子，广布于我国各稻区，尤以长江流域发生较多，是我国危害最重的稻叶蝉。危害对象：黑尾叶蝉在稻区主要危害水稻，北方无稻地区主要危害小麦，此外危害茭白、甘蔗、稗、看麦娘、游草、狗尾草、双穗雀稗和马唐等禾本科植物。

【识别方法】

(1)危害症状　成、若虫均以针状口器刺吸稻株汁液，水稻分蘖期多集中于稻丛基部，被害处呈现许多褐色斑点，严重时植株发黄或枯死，甚至倒伏；穗期还会集中于叶片和穗子，造成半枯穗或白穗。通常情况下，黑尾叶蝉吸食危害往往不及其传播水稻病毒病的危害严重，传播的病害有水稻普通矮缩病、黄矮病、黄萎病以及簇矮病、瘤矮病和东格鲁病病毒等多种，被传毒的稻株表现为病毒病症状。

(2)形态特征　成虫连翅长4.5～6毫米，黄绿色，头冠2复眼间有1黑色横带；雌雄虫外形不同，雄虫前翅端部1/3为黑色，形似“黑尾”(黑尾叶蝉名由此来)，虫体腹面与腹部背面均黑色，雌虫前翅端部为淡黄绿色，虫体腹面蒿黄色，腹背淡黄色。黑尾叶蝉与稻田近似种二点黑尾叶蝉、二条黑尾叶蝉雌虫难以区分，雄虫均有“黑尾”，可依据头冠复眼间的亚缘黑带及前翅中部黑斑来区分，其中黑尾叶蝉复眼间有窄的亚缘黑带，前翅中部无黑斑；二点黑尾叶蝉复眼间无亚缘黑带，绝大多数个体前翅中部有1对黑斑，少数个体翅中部无黑斑；二条黑尾叶蝉复眼间有亚缘黑带，前翅中部黑斑较二点黑尾叶蝉大，且沿爪缝向后延伸（彩图135～140）。

卵长椭圆形，微弯曲，位于叶鞘边缘内侧组织内或叶片中肋内，呈单行排列成卵块，各卵粒间分离，较多地露出水稻组织。若虫5龄，末龄若虫体黄绿色，头部后端及中、后胸背面背面各有1对倒“八”字形褐纹，3～8腹节背面各有5个小黑点（图2.14-1～2.14-3）。

（3）发生规律　黑尾叶蝉年发生代数随地理纬度而异，北纬32°以北，如河南信阳、安徽阜阳发年生4代；北纬30°～32°间，如江苏南部、上海、浙江北部以5代为主；北纬27°～30°间，如江西南昌、湖南长沙以6代为主；北纬25°～27°间，如福建福州、广东曲江以7代为主；广东广州以8代为主；田间世代重叠。主要以若虫和少量成虫在冬闲田、绿肥田、田边等处的杂草上越冬，主要食料是看麦娘。长江流域以7月中旬至8月下旬发生量较大，主要危害早稻后期、中稻灌浆期、单晚分蘖期和连晚秧田及分蘖期；华南稻区则6月上旬至9月下旬均有较大发生量，危害早稻穗期和晚稻各生育期。

【防治方法】

（1）农业防治　种植抗性品种；因地制宜，改革耕作制度，尽量避免混栽，减少桥梁田；加强肥水管理，提高稻苗健壮度，防止稻苗贪青徒长；放鸭啄食害虫。

（2）物理防治　利用该虫的强趋光性，在盛发期采用灯光诱杀。

（3）化学防治　百丛虫口达300～500头，病毒流行地区百丛虫口达50～100头时，需在二、三龄若虫高峰期及时用药防治。①25％噻嗪酮可湿性粉剂或10％吡虫啉可湿性粉剂2000～2500倍液；②2.5％氟氯氰菊酯乳油；③2.5％敌杀死或氯氟氰菊酯乳油2

000 倍液；④20%异丙威乳油 500 倍液；⑤25%速灭威可湿性粉剂 600～800 倍液；⑥50%抗蚜威超微可湿性粉剂 3 000 倍液(可防小绿叶蝉)；⑦30%乙酰甲胺磷乳油；⑧50%杀螟松乳油；⑨90%杀虫单原粉1 000倍液，上述药剂均每公顷对水 750～900 升喷雾。

【注意事项】 ①叶蝉散主要用于防治飞虱及稻叶蝉等，不能与除草剂敌稗混用或同时施用，需相隔 10 天以上，以防造成药害。②叶蝉散还易对芋头、薯类产生药害，靠近芋头、薯类的稻田慎用。③氧乐果对其他作物的药害与乐果相同，使用时务必注意。40%氧乐果乳油能通过食管、呼吸道和皮肤引起中毒，治疗药剂为阿托品及解磷定。

稻蓟马类害虫(Rice thrips、Paddy thrips)主要以成、若虫在叶片上锉伤稻叶表皮、吸食水稻汁液危害，造成小斑痕、叶尖纵卷、尖枯或全叶斑白失绿。稻蓟马是一类非常细小的害虫，肉眼需仔细才能看清。在我国危害水稻的蓟马主要有稻蓟马[*Stenchaetothrips biformis* (Bagnal)]异名 *Chloethrips oryzae* (Williams)，*Thrips oryzae* Williams、稻管蓟马[*Haplothrips aculeatus* (Fabicius)]、花蓟马[*Frankliniella intonsa* (Trybom)]和禾蓟马(*F. tenuicoenis*) Uzel 等 4 种，均属缨翅目，除稻管蓟马属管蓟马科外，其余均属蓟马科。

16. 稻蓟马[*Stenchaetothrips biformis* (Bagnal)]

【发生危害】 危害水稻的蓟马类害虫的统称，主要吸食水稻幼嫩叶片，部分种类还能在穗部颖花内取食危害。稻蓟马分布于长江流域及华南稻区，稻管蓟马则遍及全国各稻区，花蓟马主要危害华南稻区水稻，禾蓟马则在贵、湘、鄂、苏等长江流域稻区危害。危害对象：稻蓟马主要危害水稻，且主要危害苗期和分蘖期水稻，还能取食小麦、玉米、游草、稗草、看买娘等植物。稻管蓟马、花蓟马和禾蓟马则主要危害抽穗扬花期或穗期水稻，这几种蓟马的食性一般较广，平常可以危害高粱、小麦或棉花等其他作物。

【识别方法】

(1)危害症状　稻蓟马成、若虫均以锉伤稻叶表皮,吸食水稻汁液。苗期和分蘖期叶片受害后,初期叶面出现白色至黄褐色的小斑痕,继而叶尖因失水而纵卷、尖枯,且受害叶中常可见大量的蓟马活动,严重时会造成全叶失绿甚或全片稻苗叶片失绿、枯卷。稻管蓟马主要危害水稻抽穗扬花期及穗期,多在颖花内取食、产卵和繁殖,被害穗出现不实粒。手掌用水浸后湿扫拂稻叶后仔细观察,可见头发丝大小的短小黑色蓟马成虫爬动(彩图 143～144)。

(2)形态特征　稻蓟马体型微小,成虫体长 1.0～1.3 毫米,体黑褐色,触角 7 节,第二节端及第三、第四节色淡,其余各节褐色;前胸背板两侧的后缘角各有 1 对长鬃,前翅深灰色,近基部色淡,上脉端鬃 3 条,下脉鬃 11～13 条。卵肾圆形,初产时白色透明,后淡黄色。若虫共 4 龄,低龄虫近白色,高龄虫淡黄绿色至黄褐色。

稻管蓟马成虫稍大,体长 1.7～2.2 毫米,体黑褐色同稻蓟马,但触角 8 节,第一、二、七、八节深褐色,其余各节色略淡;前翅无色透明,纵脉消失,翅中央缢缩,后缘近端部有间插鬃 5～7 根;腹部末端管状,长度略短于头长,管端及 6 条鬃。卵长椭圆形,出产白色,略透明,后橙黄色。若虫淡黄绿色至黄褐色(彩图 141～142)。

(3)发生规律　稻蓟马世代周期较短,长江流域及华南等地 1 年发生 10～15 代,田间世代重叠。有趋嫩危害习性,水稻生长前期(秧田期和分蘖期)危害较重,水稻圆秆拔节后,大多转移到田边杂草或周边水稻秧苗上,并在田边杂草越冬,于翌年早稻秧田期迁回稻田危害。

【防控技术】

(1)农业防治　①冬春季清除杂草,特别是秧田附近的游草及其他禾本科杂草等游草越冬寄主,降低虫源基数;②同一品种、同一类型田应集中种植,改变插花种植现象;③受害水稻生长势弱,适当的增施肥料可使水稻迅速恢复生长,减少损失。

(2)化学防治　一般在秧田卷叶率达10%～15%或百株虫量达100～200头，本田卷叶率20%～30%或百株虫量200～300头，即进行化学防治。重点防治秧田期，在移栽前2～3天用药一次，防止将秧田蓟马带入大田。①90%晶体敌百虫1 500倍液；②10%吡虫啉可湿性粉剂2 500倍液；③40%乐果乳剂2 500倍液；④或50%混灭威乳剂1 000倍液，喷雾或弥雾，喷雾每公顷对水900～1 125升，弥雾每公顷对水150～225升。

【注意事项】　①高温天气施药宜早晚进行，采用细雾喷雾，严禁粗喷雾，增加药液附着率，提高防治效果。②一定要选择对口药剂，用足水量，禁用剧毒、高度、长残效农药。③施药后田间保持3～5厘米水层5天左右。

稻椿象类害虫(Rice bugs)最大特点是形态各异、色彩斑斓、外形漂亮和丑陋的都有，但气味极臭难闻。以成、若虫吸食稻穗营养物质危害，造成空瘪粒和米色斑点，影响产量和米质。我国危害水稻的椿象主要属于半翅目的蝽科和缘蝽科，常见的有20余种，其中以蝽科的稻绿蝽[*Nezara viridula* (Linnaeus)]、稻黑蝽[*Scotinophara lurida* (Burmeister)]，缘蝽科的大稻缘蝽[*Leptocorisa acuta* (Thunb.)](彩图148)、稻棘缘蝽(*Cletus punctiger* Dallas)等较为常见，属局部地区间歇性危害的害虫。

17. 稻绿蝽[Nezara viridula (Linnaeus)]

【发生危害】　(彩图145)稻绿蝽在我国各地均有发生；稻黑蝽、大稻缘蝽、稻棘缘蝽(彩图146～147)则分布于长江流域与华南各省。危害对象：多数种类除危害水稻外，还危害麦、玉米、豆类以及多种杂草。最大共同特点是分泌极臭的气味，现以稻绿蝽为例进行介绍。

【识别方法】

(1)危害特点　该类害虫的成、若虫均以刺吸式口器取食水稻叶片、茎秆、穗的汁液，尤喜在穗部吸食危害。平时一般在周边杂草和其他作物上危害，水稻穗期大量迁入稻田，因此，水稻孕穗期以后受害较重，山区或周边杂草丰富的稻田数量较多。水稻苗期和分蘖期受害，叶色变黄，植株矮缩；若心叶、幼穗受害，则叶片抽出后在伤口处有破洞，幼穗抽出后出现花白穗或白穗；灌浆期受害则出现空瘪粒。

(2)形态特征　稻绿蝽［*N. viridula* (Linnaeus)］雄成虫体长 12～14 毫米，雌成虫 12.5～15.5 毫米。具 4 种不同色型，大多个体全体绿色或除头前半区与前胸背板前缘区为黄色外，余为绿色，部分个体表现为虫体大部橘红色或除头胸背面具浅黄色或白色斑纹外，余为黑色，前 2 种色型的虫体背部小盾片基部可见 3 个横列浅色小斑点，与前翅爪片基部的小黑点排成一直列。卵圆形，具卵帽，2～6 列整齐排列成卵块，每块卵 30～70 粒。若虫 5 龄，各龄若虫背部均有红斑、白斑或黄斑，但色型不同的成虫后代有所变异。

(3)发生规律　稻绿蝽在浙江 1 年发生 1 代，广东 3～4 代，田间世代整齐。以成虫群集于松土下或田边杂草根部、树洞、林木茂密处群集越冬。翌年 3～4 月份越冬成虫陆续迁入附近早播早稻、豆类、麦类、芝麻及杂草上产卵，若虫完成发育后如正值水稻扬花期，则大量迁入稻田危害稻穗，水稻黄熟后又迁入周边杂草与花生、芝麻、豆绿然等植物上。26℃～28℃时卵期 5～7 天，若虫期 21～25 天，产卵前期 5～6 天。该虫食性虽杂，但喜集于植物开花期和结实初期危害。成虫趋光性强，多在白天交配，晚间产卵，卵多产于叶背、嫩茎或穗、荚上。若虫孵化后先群集于卵块周围，二龄后逐渐分散，水稻穗期多集中于穗部危害，分蘖期则多于稻株基部。

【防治方法】

(1)农业防治　稻蝽发生严重的地区：①冬春季节结合积肥清除田边附近杂草，减少虫源数量；②适当调节播种期或选用适宜生育期品种，尽量使水稻穗期避开稻蝽发生高峰期；③抽穗前放鸭食虫。

(2)化学防治　虫量较大时可喷洒：①10%吡虫啉可湿性粉剂1 500 倍液；②90%敌百虫晶体 600～800 倍液；③80%敌敌畏乳油1 500～2 000 倍液；④2.5%氯氟氰菊酯乳油 2 000～5 000 倍液；⑤2.5%敌杀死乳油 2 000 倍液，每公顷喷药量 750～900 千克。

【注意事项】　稻蝽象类害虫主要是兼治，很少专门针对该类害虫施药。施用农药应按照使用说明进行田间操作。严禁施用国家明令禁止使用的农药。喷施农药用水量要足，每公顷药液量保证在 750 千克左右。施药时一定要保证田中有 3～5 厘米水层3～5 天。

食根类害虫有稻象甲类、稻根叶甲类、蝼蛄类、稻水蝇蛆等。此处只介绍稻象甲类的稻水象甲，属鞘翅目象甲科。

18. 稻水象甲[Rice water weevil(*Lissorhoptrus oryzophilus* Kuschel)]

【发生危害】　别名稻水象、美洲稻象甲、伪稻水象，是几年前由国外传入我国的检疫性害虫。自 1988 年在河北唐山首次发现后，现已陆续扩散到沿渤海湾的吉林、辽宁、天津、北京、山东和东部沿海的浙江、福建、台湾及内陆的安徽、湖南等 10 多个省(直辖市)60 余县(市)，并有进一步向邻近地区扩散的趋势，是我国值得注意的重要水稻新害虫。危害对象：除水稻外，还可取食麦类、甘薯、玉米及多种禾本科、莎草科、灯心草科、马蔺科以及泽泻科杂草。

【识别方法】

(1)危害症状　成虫主要啃食秧苗叶肉，受害叶有透明白条斑，严重时全田叶片变白，下折，幼虫蛀食稻根基部，受害株易倒伏、漂浮。

(2)形态特征　成虫体长 2.5～3 毫米，有深浅不同的色型；体表被覆浅绿色至灰褐色鳞片，从前胸背板端部至基有一由黑鳞片组成的大口瓶状暗斑，沿鞘翅基部向下至鞘翅 3/4 处具 1 黑斑，无小盾片；触角生于喙中间偏前，赤褐色，仅端部密生细毛，基部光滑；中足胫节两侧各有 1 排长游泳毛。卵白色，长圆柱形。幼虫共 4 龄，白色无足，末龄体长 8～10 毫米，在 2～7 腹节背面各具 1 对锥状突起，每突起中央有 1 羊角状呼吸管，突起与呼吸管均可伸缩。老熟幼虫在活稻根上做土茧化蛹，蛹体白色。

(3)发生规律　北方稻区年发生 1 代，南方 2 代，以成虫在稻田周围的草丛、树林、落叶层中滞育或休眠越冬，部分可在稻茬越冬。翌春气温回升后，成虫解除滞育开始取食杂草或玉米、小麦、茭白，浙江稻区在 4 月下旬开始迁入早稻秧田和本田，完成一代发育，大部分个体进入越夏越冬场所，少部分成虫迁入晚稻完成第二代发育，9～10 月份后迁入周边越冬场所，早稻受害明显重于晚稻。河北于 5 月开始迁入稻田，5 月下旬为迁入高峰，以田块边缘受害较重。

成虫有强趋光性，在我国均为孤雌生殖，产卵于稻株水下部分组织内，越冬代产卵期 20～25 天，产卵量 60～80 粒，当年一代产卵期 16～25 天，产卵量 10～40 粒；卵期 6～8 天，初孵幼虫落入水中蛀入根内危害，多集中于 8 厘米以内土壤根系中活动，幼虫期 30～40 天，有转株危害习性。

【防治方法】

(1)检疫控制　目前该虫还只是在我国局部地区有分布，通过划定疫区、设立检疫哨卡等措施，严格限制来源于疫区的可能携带稻水象甲的植物及植物产品流入非疫区，可有效延缓该虫向非疫区的扩散危害速度。

(2)农业防治　水稻收获后，还有很多成虫残留在稻茬或稻田土层内越冬，为此应及时翻耕土地，可降低其越冬存活率。

(3)物理防治　安装频振式杀虫灯诱杀成虫效果较好，可有效减少下代虫源。

(4)化学防治　该虫作为一种我国新入侵和发生历史不长的害虫，近年来防治措施上往往强调以根除和扑灭为目标，用药强度和频率较防治一般害虫的高。

秧田和早稻田的越冬成虫：①每公顷用20%三唑磷乳油1.5千克；②每公顷用40%毒死蜱乳油900～1 200毫升；③每公顷用20%氰戊·马拉松乳油1.5千克；④每公顷用50%杀螟硫磷乳油1.5～3千克或20%氯杀威乳油2.25～3.75千克对水900～1 050升喷雾。

本田防治：①每公顷用4%醚菊酯油剂3～3.75千克；②每公顷用10%醚菊酯胶悬剂1.2～1.5千克；③每公顷20%除虫脲胶悬剂300～450毫升；④每公顷20%氰戊·马拉松乳油1.5千克；⑤每公顷50%杀螟丹可湿性粉剂1.5～3千克对水900～1 125千克喷雾。⑥每公顷用20%三唑磷乳油1 800～2 400毫升对水750千克喷雾。

【注意事项】　①稻水象甲是重要检疫害虫，仍须加强检疫。②在发生虫害的田块全面施药，降低田间虫口密度，减轻其危害。③三唑磷属中等毒性，最后一次用药应不少于收获期前7天。不能与碱性物质混用，以免分解失效，不可与家蚕、鲤鱼等生物接触，若误食中毒，应及时送医院诊治，可用阿托品或解磷定解毒。

第三章　水稻主要病虫害傻瓜式防控技术

一、水稻生长发育阶段的简单划分

习惯上把水稻种子萌发到新的种子形成，称为水稻的一个生长周期。根据水稻的形态特征、生理特点等，一般可将水稻的一生分为营养生长和生殖生长 2 个时期（或阶段）。营养生长期是指从种子萌发到幼穗开始分化以前的一段生长时期。生殖生长期是指从幼穗开始分化到成熟收获的生长期。

根据形态特征、生理特点，营养生长期又可划分为秧田营养生长期和大田营养生长期（直播稻例外）。其中秧田营养生长期还可分为 3 个时期，即从种子萌发至不完全叶伸出的幼芽期，从不完全叶伸出至第三叶全出的幼苗期，从第四叶伸出至移栽的成苗期。大田营养生长期可分为返青期和分蘖期。从插秧至叶色转青、新叶开始恢复正常生长这段时间叫返青期。分蘖期可分为有效分蘖期和无效分蘖期，有效分蘖期是指开始分蘖至全田总茎数达到与计划收获穗数相当的时期；无效分蘖期是指从全田总茎数与计划收获穗数相当时至停止分蘖的时期。

生殖生长期又可分为幼穗发育期和开花结实期。幼穗发育期包括从幼穗开始分化至顶叶(剑叶)出一小半以前的幼穗形成期和从顶叶出一小半至抽穗的孕穗期。开花结实期可分为从稻穗开始抽出顶叶叶鞘至开花授粉完毕的出穗开花期，从授粉完毕至成熟收获的结实成熟期(图 3-1)。

在生产实践中，有人按栽培管理过程把水稻的大田生育期划分为前、中、后 3 个时期。生育前期是从插秧至有效分蘖期结束；

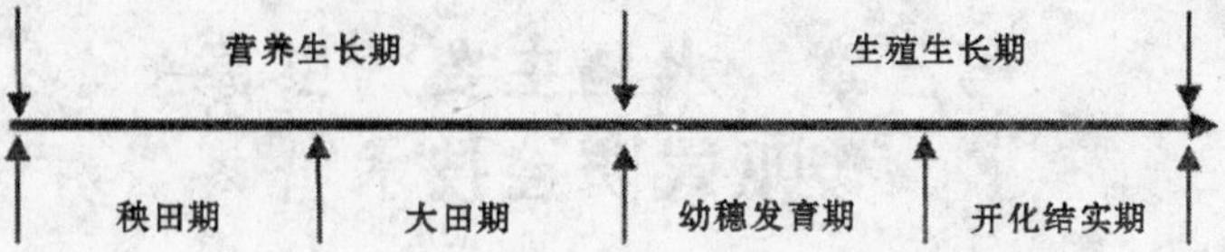

图 3-1　根据形态特征和生理特性划分的水稻生育期

生育中期是从有效分蘖结束至顶叶出一小半（开始孕穗）前；生育后期是从顶叶出一小半后至成熟收获。也可根据形态特征和生理特性对大田生育期进行前、中、后 3 期划分。从插秧至幼穗开始分化以前为生育前期，从幼穗开始分化至抽穗为生育中期，从抽穗至成熟收获为生育后期。

上述的划分标准只是对水稻生长期的大致划分，不同的品种由于生育期不同，在大田中的具体生长进程又有所差异。对光周期不敏感的早熟（如早稻，生育期 105～120 天）品种，最大分蘖数（分蘖盛期）、幼穗分化期和节间伸长几乎同时发生。而迟熟（如 150 天及以上生育期的中晚稻）的品种则存在一个称为延迟营养生长阶段，其分蘖盛期、茎秆延长和幼穗分化依次发生（图 3-2、图 3-3）。

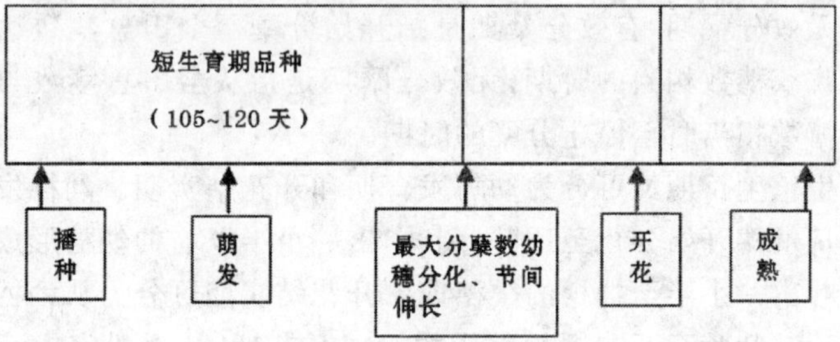

图 3-2　短生育期水稻品种生长发育示意

为便于本章中有关主要病虫害发生、危害、防治时期的描述和

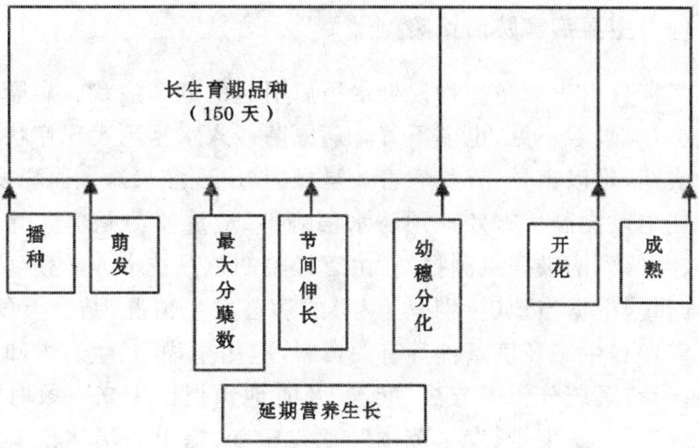

图 3-3　长生育期水稻品种生长发育

理解，根据病虫害发生时期、危害程度以及病虫防治适期等特点，我们简单地将水稻的生育期划分为以下 3 个时期，即前期、中期和后期（图 3-4）。

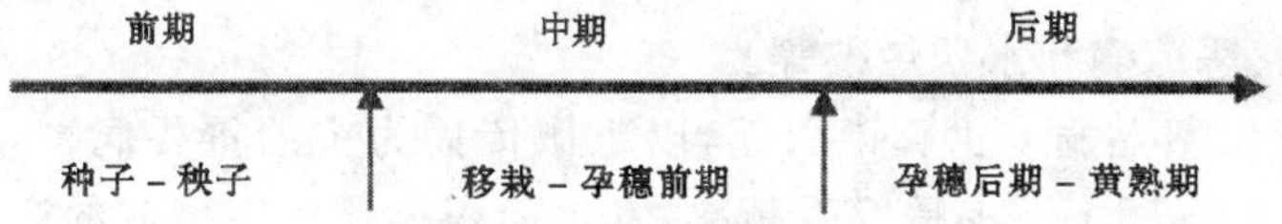

图 3-4　水稻生长发育期简单划分

二、水稻主要病虫害发生、危害特性解析及防治策略

本部分将介绍一些在全国各稻区发生频率高、发生面积大、造成产量损失严重的主要病虫害，深入解析其发生、危害的特点，以及与其他病虫害的相互关系，为“傻瓜式”防控技术理论和实践提供科学依据。

(一)主要病害防治策略

病害是由病原微生物侵染水稻后引起的危害症状。病原菌极其微小,肉眼看不见,也摸不着。病原菌侵入水稻到表现症状有一段潜伏期,难以察觉,有些病害一旦显症(出现症状),大面积发生、流行则难以控制。有效地预防水稻病害,最重要的是建立健全县(市)、乡(镇)两级病虫测报站,由有经验的植保技术人员勤到田间抽样调查,根据当地(特别是上年)的病害发生情况,结合天气、水稻生育期和生态环境条件等有关资料,应用生物学、生态学知识和数理统计、系统分析等方法,准确、及时地预报出未来一段时间内病害发生期、发生量、发生范围和危害程度,提出防治建议。在水稻敏感生育期、病害发生初期选用高效、低毒、专化性农药科学施药防治。防治上要抓住发病初期、发病中心进行施药,防止病害扩散、蔓延;或在关键时期达到防治指标就应施药防治。

这里主要介绍水稻纹枯病、稻瘟病、细菌性病害(白叶枯病、细菌性条斑病)、病毒性病害(条纹叶枯病、黑条矮缩病)、稻曲病、穗腐病、恶苗病和水稻烂秧等。

1. 纹枯病 由真菌引起,以土壤传播为主的重要病害,目前在我国水稻上不论是发生频率、发生面积还是危害造成的产量损失均居各病害之首。全国各稻区从南到北、从东到西、从山区到平原均有发生,尚未发现高抗品种。

纹枯病主要侵染、危害水稻叶鞘、叶片,形成病斑,造成叶鞘、叶片枯死,影响光合作用,严重时可侵染稻穗,增加瘪谷,影响产量。一般在大田水稻分蘖后期(封行后)开始发生流行,但对于中稻和晚稻可在秧苗期发病,引起死秧(苗)。

纹枯病常与稻瘟病(苗瘟、叶瘟)、螟虫、稻飞虱、稻纵卷叶螟等同时发生。后两种害虫的发生、危害常会加重该病的发生、流行和危害。病害主要从稻株基部叶鞘和叶片开始,逐渐向上蔓延或向周边扩散。大田成株期病害在 3 级(包括 3 级)以下,对植株生长和产量影响不大。

防治重点是分蘖后期至乳熟期,达到防治指标即要用药防治。一般分蘖末期丛发病率达 5%～10%,孕穗期达 10%～15%时即需用药防治。高温、高湿天气要连防 2～3 次,间隔期 7～10 天。

2. 稻瘟病　由真菌引起,以种子、病稻草带菌和空气传播为主的重要病害。不同年份、不同稻区发生轻重不同,一般山区发生重于平原。品种间抗性差异较大,目前生产上推广的一些品种(组合)有较抗病的,也有较感病的。在稻瘟病常发地区,稻农宜选择种植较抗病的品种(组合)。

从苗期到黄熟期的水稻各个生育期都会受到稻瘟病的侵染,叶片、穗颈、枝梗、谷粒等部位都会发病。前期叶片感病形成病斑,影响光合作用,严重的造成叶片枯死或植株死亡。抽穗后穗颈、枝梗或谷粒发病,导致结实率下降或死穗(枝梗),谷粒变色、畸形。

苗瘟、叶瘟常和恶苗病、纹枯病、条纹叶枯病、黑条矮缩病,稻蓟马、螟虫以及稻纵卷叶螟等混合发生。成株期叶瘟、穗颈瘟(枝梗瘟、谷粒瘟)常和纹枯病、白叶枯病(细菌性条斑病)、稻曲病、穗腐病,螟虫、稻飞虱、稻纵卷叶螟等重要病虫害同时发生。

叶瘟和穗茎瘟最为常见,穗茎瘟对水稻产量影响最大。防治重点是种子药剂处理、苗瘟、叶瘟和孕穗后期至乳熟期的穗颈瘟。确立"预防为主",以抗性品种、健身栽培为基础,与化学防治相结合,加强测报,抓住关键时期、适时喷药控病。

进行种子消毒、清除上季病原等减少初侵染源;水管理要贯彻"前浅、中晒、后湿润"的原则;狠抓苗瘟、叶瘟防治,提倡秧苗带药下田,提高效率;大田分蘖盛期,感病品种出现发病中心应及时防治;保护抽穗期防治穗瘟。

抓住发病初期用药防治。如出现大量叶瘟或穗瘟再施药则基本无法控制。施药时要对足水量,细雾均匀喷于感病部位,才能保证防治效果。

3. 细菌性病害 白叶枯病、细菌性条斑病是由细菌引起，以种子、病稻草带菌和风雨、灌溉水传播为主的水稻系统性重要病害。两病在全国各地都有发生，不同年份、不同稻区、不同品种上发生轻重不一，白叶枯病发生面积、危害基本稳定，细菌性条斑病发生、危害有扩大和加重的趋势。

水稻整个生育期均可发生，但以大田孕穗后发病为主。主要侵害叶片，导致叶片病斑、枯死，影响光合作用，降低结实率。

白叶枯病、细菌性条斑病后期常和纹枯病、叶瘟、稻曲病、穗腐病、螟虫、稻飞虱和稻纵卷叶螟复合发生，稻纵卷叶螟的发生危害会加重白叶枯病和细菌性条斑病的发生和危害。

防治水稻白叶枯病和细菌性条斑病的关键是要早发现、早防治，封锁或铲除发病株和发病中心。发现病株或发病中心，大风暴雨后的发病田及邻近稻田，受淹和生长嫩绿稻田是防治的重点。

4. 病毒性病害 条纹叶枯病、黑条矮缩病均是由病毒引起的水稻系统性病毒病。条纹叶枯病主要以灰飞虱传毒为主，过去主要在江苏、浙江北部、安徽、山东南部、云南等稻区发生、危害，目前有逐年扩大和加重的趋势，粳稻较籼稻感病。黑条矮缩病由灰飞虱传毒为主，白背飞虱和白带飞虱也可传毒。该病曾在江苏、浙江、上海发生较重，后来曾一度很少发生，近年在江苏、浙江、安徽、江西部分地区、湖南、广东、广西发生危害严重。

水稻从苗期到大田成株期均可受到条纹叶枯病感染，以苗期和大田移栽后分蘖盛期前受害较重。水稻早期感病或感染严重者，造成植株黄化、纤弱，导致死苗死株。水稻生育后期感病或轻度感染者，叶片斑驳黄化、植株长势弱，虽不至死亡，但影响抽穗和穗子大小。

黑条矮缩病从苗期到大田成株期均可受到感染，最典型症状为植株矮缩、深绿色、分蘖增加、叶片短阔、僵直。水稻早期发病造成根短小、植株矮小、不抽穗、提早枯死。后期感病造成植株长势弱、包穗或半抽穗、或虽能抽穗但穗短小，结实率低。

条纹叶枯病、黑条矮缩病常和苗叶瘟、苗期纹枯病、恶苗病，螟虫（早稻）、稻飞虱（中、晚稻）、稻纵卷叶螟等同时发生。水稻条纹叶枯病和黑条矮缩病都是由灰飞虱传毒为主的病毒病害。防治策略是控制灰飞虱的发生、传播及危害，达到“切断毒源，治虫控病”。重点是苗期和移栽后 30 天灰飞虱的防控，采取“治麦田保秧田、治秧田保本田、治前期保后期”策略。防治适期以灰飞虱成虫迁入期和卵盛孵高峰期为宜。早稻秧田每平方米平均有成虫 18 只以上，晚稻秧田每平方米有成虫 45 只以上，应进行防治。一旦稻株感染显症基本无药可治，最好是拔除病株深埋或烧毁。

5. 稻曲病、穗腐病 稻曲病是由真菌引起的水稻后期重要病害，有人认为主要以种子带菌或土壤中残留厚垣孢子传播，也有人认为是空气传播。全国各稻区均有发生，发生轻重主要决定于当年气候条件，品种抗性差异很大。孕穗后期至扬花灌浆期温暖、阴雨，前期施氮肥多，抽穗扬花持续时间长、大穗、紧穗型的品种（组合）发病重。

病害循环是病菌通过种子带菌进入生长点进行系统感染，还是抽穗至扬花期局部感染尚无定论。病症主要在扬花灌浆期至乳熟期显症。一旦病症出现再打药防治几乎无效果。每穗病粒较少时对产量影响很小，主要影响稻谷外观和品质；发病严重（每穗病粒数较多）时，既影响外观品质，也影响产量。病菌会产生毒素，使稻米变色、畸形、有毒，不能食用。

稻曲病常和穗颈瘟、穗腐病、白叶枯病、纹枯病、稻飞虱、稻纵卷叶螟等病虫害复合发生危害。

穗腐病是以真菌为主多种因素（真菌、细菌、椿象取食、腐生菌和不明原因等）引起的水稻后期穗部复合性病害，以种子带菌为主结合空气传播。全国各稻区均有发生，近几年发生特别严重。与稻曲病相类似，发生轻重与当年气候条件，品种类型有关。孕穗后期至扬花灌浆期温暖、阴雨，前期施氮肥多，抽穗扬花持续时间长、大穗、紧穗型的品种（组合）发病重。粳稻、籼粳杂交稻组合重于籼稻和籼型杂交稻。

水稻抽穗灌浆至乳熟期显症，前期稻穗部分或全部感病谷粒表层覆盖孢子粉，初呈铁锈红色或黄褐色，后灰白色至黑褐色。感病早的空粒多，后期感病半空粒多，结实率低，病原菌产生毒素，使米粒变黄褐色、黑色、畸形，不能食用。

该病症常与稻曲病、穗颈瘟、纹枯病、白叶枯病，稻飞虱、稻纵卷叶螟、稻蚜虫、稻椿象、螟虫等复合发生。

稻曲病和穗腐病在防治上要结合其他病虫害的防治，进行种子消毒，在孕穗后期（抽穗前 5～7 天）和抽穗扬花期各施一次药。

6. 水稻烂秧　以真菌为主多种原因引起的水稻秧苗期受害，以种子带菌、土壤和灌溉水传播。全国各稻区均有发生，与种子带菌，秧苗期气温骤变（骤冷骤热）有关，播种后到秧苗期，因发病时期不同形成烂种、烂秧、死苗症状。

该病虽不会影响水稻产量，但会影响秧苗的数量和质量。对于移栽稻，会造成秧苗短缺，特别是机插秧会影响栽插质量（缺蔸、死苗）。

该病常与苗叶瘟、恶苗病、条纹叶枯病、早期螟虫等同时发生。在防治上要结合培育壮秧，精选种子、播前晒种、盐（泥）水选种、药剂浸种消毒，催芽播种等。选好秧田、做好秧板及秧板消毒，低温时盖好尼龙薄膜保温，高温时及时揭膜通风降温，结合其他病虫害防治及时施药。

7. 恶苗病　由真菌引起的重要病害，以种子带菌传播为主，全国各稻区均有发生，近年发生较重。秧苗期即显症，病苗较正常苗细长、色淡黄，有倒生根。

水稻从秧苗到成株期都会感病，严重的造成死苗、死株，轻者植株细弱、穗小、结实率低。植株死后产生粉红色粉末，为病菌的分生孢子。尚未见品种间存在抗感病差异。

该病常与苗期烂秧、苗叶瘟、条纹叶枯病，稻蓟马、螟虫等同时发生。防治上宜重视种子消毒处理，与大田防治相比，可达到1∶10的功效。

(二)主要害虫防治策略

相对病害而言，害虫个体较大，肉眼可见，易于发现，易于动员稻农进行防治。但仍需要当地农技人员勤下田调查，根据往年虫情，结合天气、苗情，做出准确预测预报。依据防治指标，掌握害虫生长发育对药剂敏感的时期和水稻关键生育期，选用高效、低毒农药进行精准防治。如飞虱要在若虫一至三龄高峰期施药，螟虫(二化螟、三化螟、大螟)、稻纵卷叶螟等要在卵盛孵期(一至二龄幼虫)施药。

这里介绍稻飞虱(褐稻虱、白背飞虱和灰飞虱)、螟虫(二化螟、三化螟、大螟、台湾稻螟)、稻纵卷叶螟、福寿螺等发生危害特性、防控策略和技术要点。

1. 稻飞虱　主要介绍褐稻虱、白背飞虱和灰飞虱。前两者为迁飞性害虫，后者为当地越冬的非迁飞性害虫。品种间对稻飞虱的抗性有明显差异，一般优质稻、粳稻要比米质差的水稻品种和籼稻感虫。

褐稻虱和白背飞虱在我国发生1～12代，由南往北发生代数逐渐减少。一般白背飞虱要早于褐稻虱发生危害，长江流域白背飞虱5月份始发，褐稻虱6月份始发。水稻从苗期到黄熟期均会受到危害，稻飞虱一般产卵于中下部叶鞘，从若虫到成虫聚集在稻株中下部刺吸水稻汁液，直接危害水稻。轻者造成水稻长势弱，苗黄，重者导致水稻失去营养而萎蔫、枯死。褐飞虱和白背飞虱很少到水稻中上部，特别是叶片上取食危害的。

灰飞虱与褐稻虱和白背飞虱一样刺吸水稻汁液，但对水稻的直接危害较小，其主要危害是传播水稻条纹叶枯病和黑条矮缩病病毒，使水稻感染这两种病毒病从而危害水稻。

秧苗期（中晚稻）稻飞虱常与苗叶瘟、纹枯病、恶苗病、条纹叶枯病，白叶枯病，稻蓟马、螟虫、稻纵卷叶螟等同时发生。移栽后成株期到黄熟期与叶瘟、穗颈瘟、纹枯病、稻曲病、穗腐病、白叶枯病（细条病）、条纹叶枯病、黑条矮缩病，螟虫、稻纵卷叶螟等病虫害复合发生危害。在防治上要根据主要病虫害的发生危害结合进行防控，生物防治和物理防治（频振杀虫灯）相结合，特别要加强对孕穗后期至灌浆乳熟期稻飞虱的防控。此时期如果稻飞虱严重暴发危害，往往 3～5 天就会出现“冒窜”、“死塘”或“一片白”，造成严重的产量损失。

防治褐稻虱、白背飞虱、灰飞虱的技术要点：根据水稻品种类型和稻飞虱发生情况，采用“压前控后”或狠治主害代的策略，选用高效、低毒、残效期长的农药，尽量考虑对天敌的保护，掌握在二至三龄若虫盛期施药。

2. 螟虫　包括二化螟、三化螟、大螟、台湾稻螟，以二化螟、三化螟发生面积大、地域广，造成危害损失大；大螟和台湾稻螟在部分稻区发生危害。螟虫为当地越冬害虫，一般以高龄幼虫或蛹在稻桩中越冬。翌年早春化蛹、产卵、孵化，幼虫危害秧苗和大田稻株。水稻品种间无明显抗感虫差异。

螟虫由南往北发生代数逐渐减少，一般二化螟发生 1～5 代、三化螟 2～7 代、大螟 2～7 代、台湾稻螟 3～6 代。成虫具有趋光性，常将卵块产在稻叶片背面，卵孵化后幼虫常从心叶、叶鞘缝隙或叶鞘外钻蛀进入植株内取食危害，造成死心、死株、白穗，幼虫造成稻株死亡后常会转株，加重危害。

秧苗期（早中晚稻）常与苗叶瘟、条纹叶枯病、纹枯病、恶苗病，稻蓟马、稻纵卷叶螟等同时发生。移栽后至乳熟期与叶瘟、穗颈瘟、条纹叶枯病、纹枯病、稻曲病、穗腐病、白叶枯病(细条病)、稻飞虱、稻纵卷叶螟等复合发生。在防治上宜结合播栽期及耕作方法、肥水管理、生物防治,在螟蛾高峰期用频振杀虫灯诱杀,卵盛孵期用化学农药防治。

二化螟是我国水稻上为害最为严重的常发性害虫之一,国内各稻区均有发生。采取"防、避、治"相结合的综合防治策略。

在早、晚稻分蘖期或晚稻孕穗、抽穗期,螟卵孵化高峰后5~7天、或丛枯鞘率5%~8%,早稻每公顷有中心危害株1 500株或丛害率1.0%~1.5%,或晚稻每公顷危害团高于1 500个时用药。在二化螟一代多发地区,要做到狠治一代;在1~3代为害重的地区,采取狠治一代,挑治2代,巧治3代。第一代以打枯鞘团为主,第二代挑治迟熟早稻、单季杂交稻、中稻。第三代主防杂交双季稻和早栽连作晚稻田的螟虫。

三化螟是长江流域及以南水稻主产区最为重要的常发害虫之一。全国三化螟由北往南年发生2~7代,长江中下游以3代为主,部分4代。同二化螟相似,采取"防、避、治"相结合的综合防治策略,以农业栽培措施为基础,科学合理用药为关键,压低基数与控制危害相结合。

用药适期除卵孵盛期与水稻孕穗末期至破口期相遇而必需用药之外,其余与二化螟相似,均应避开卵孵高峰,在卵孵盛期后至幼虫造成枯心或白穗之前用药。

3. 稻纵卷叶螟 为迁飞性害虫,近年发生危害极其严重,有较耐稻纵卷叶螟的水稻品种。我国稻区发生1~11代,由南到北代数递减。成虫具有趋光性,常将卵块产在稻叶片背面,卵孵化后幼虫即可卷叶将自已包裹其中取食叶片上表皮和叶肉,被害叶片只剩叶脉,形成网状枯白,影响光合作用。大龄幼虫食量大、危害严重,1头幼虫可危害5~12片叶。

秧苗期(南方早稻、长江流域及以北中晚稻)常与苗叶瘟、条纹叶枯病、纹枯病、恶苗病，稻蓟马、螟虫、飞虱等同时发生。移栽后至乳熟期与叶瘟、穗颈瘟、条纹叶枯病、纹枯病、稻曲病、穗腐病、白叶枯病(细条病)、稻飞虱、螟虫等复合发生。在防治上宜结合播栽期及耕作方法，尽量种植耐虫品种，加强肥水管理，多采用生物防治保护天敌。在螟蛾高峰期用频振杀虫灯诱杀蛾子，卵盛孵期用化学农药防治。

防治适期在卵孵化高峰后1～2天，或一至二龄幼虫高峰期进行防治。防治稻纵卷叶螟喷药最佳时间为上午9时前，下午5时后，避免高温、强光用药，以提高防治效果。

水稻对稻纵卷叶螟的危害有一定补偿能力，尤以分蘖期补偿力较强，应改变“见虫就打药”的观念，只需在稻纵卷叶螟发生量达到防治指标时才施药防治。

4. 福寿螺 福寿螺近年发生面积迅速扩大，在长江以南稻区危害严重。全年发生2～4代，卵孵化后不久幼螺即啮食水稻幼嫩部分，一般幼穗分化或晒田后不再取食。福寿螺食量大，从幼螺到成螺可危害多根稻株。

水稻从苗期到大田成株期都可受害，常与叶瘟、条纹叶枯病、纹枯病、恶苗病，稻蓟马、螟虫、飞虱、稻纵卷叶螟等同时发生。防治上宜加强卵孵化高峰期用药，稻田养鸭是很好的生态防控措施。

(三)提高防效、降低成本策略

水稻生长受到多种病虫害影响，生产上病虫害的大面积防治常常由于农户对防治时间的把握、所选药剂的品种、质量等因素的影响，造成防治效果差异很大。为提高防效，稻农常常加大农药用量、增加使用次数或滥用农药，不但加大了防治成本，增加了稻农负担，还会引发环境污染、病虫害产生抗药性等系列问题。

影响对水稻病虫害的防治效果的因素是多方面的，通过对基层农技人员和稻农的调查，他们认为影响对水稻病虫害防治效果的因素主要有防治（施药）时期、用药量、防治次数、用水量等（表3-1）。

表 3-1　影响病虫害防治效果的因素排序

病虫防治因素	第一位		第二位		第三位		第四位		第五位	
	人数	比例	人数	比例	人数	比例	人数	比例	人数	比例
防治时期	1301	73.05	93	5.22	85	4.77	35	1.97	11	0.62
用药量	67	3.76	944	53.00	302	16.96	165	9.26	13	0.73
防治次数	40	2.25	178	9.99	581	32.62	582	32.68	45	2.53
用水量	127	7.13	325	18.25	497	27.91	531	29.81	21	1.18
是否发生药害	18	1.01	6	0.34	28	1.57	46	2.58	859	48.23

1. 不同病虫害的防控策略技术和方法　对于用药量、施药次数而言，用药量越多、施药次数越多防效肯定会提高，但明显会增加防治成本、带来农药残留和食品安全问题，以此来提高防效是不可取的。一些其他的技术措施也可以提高防效，同时又不增加成本。如应用生物、物理、农业、生态等非化学技术，集成以稻田耕沤灭螟、选用抗病品种、种子消毒、秧苗送嫁药、稻鸭共育、性引诱剂和灯光诱杀、生物防治等为主的绿色环保技术，减少农药的用药量和施药次数，对提高防治效果和效益，降低生产成本，保障水稻高产稳产起到举足轻重的作用。

对水稻病虫害防治效果的好坏，除要正确识别、掌握其发生、流行和危害规律，化学防治也是防治水稻病虫害的一个应急的重要手段，它具有作用快、效果好、使用方便等优点，在综合防治体系中占有重要地位。选择高效、低毒、对口药剂，及时施药防治外，施药用的器械、施药技术、方法和部位也非常关键。

（1）施药器械　目前，我国大田防治水稻有害生物上使用的主要喷雾器械有飞机喷雾、小型机动喷雾（粗雾、细雾）机、背包式手动喷雾（粗雾、细雾）、背负式喷粉机等。

(2)施药方式　目前主要采用喷雾(粗雾、细雾、弥雾)、喷粉、浇泼、拌细沙、拌肥料撒施等。

但是单纯地使用化学农药防治水稻病虫害只能起到救急作用,而不能防止病虫害大量发生。而且会导致成本较高,病虫害对药物产生抗药性、引起再次猖獗、造成残毒危害等缺点。因此科学的药剂防治是解决病虫危害最有效手段。进行化学防治时要结合其他技术措施同时进行,并注意合理使用农药,讲求施药方法,才能获得良好的防治效果。

2. 发生危害部位不同的病虫害施药防控技术要点

(1)危害稻株中上部的病虫害　对于发生、危害水稻植株中上部叶片、稻穗的病虫害的防治,如稻瘟病(苗瘟、叶瘟、穗颈瘟、枝梗瘟、谷粒瘟)、稻曲病、穗腐病、白叶枯病、细菌性条斑病、叶黑肿(粉)病、叶鞘腐败病,稻纵卷叶螟、螟虫(卵孵盛期)、稻蓟马、后期的蚜虫、椿象等。要以细雾、或弥雾、或喷粉方式均匀将药剂喷洒在水稻植株中上部叶片和稻穗上。使药剂与植株受危害部位和害虫充分接触,以提高防治效果。

(2)危害稻株中下部的病虫害　对于发生、危害水稻植株中下部的病虫害,如螟虫、稻飞虱、条纹叶枯病、黑条矮缩病(主要防治灰飞虱)、纹枯病、菌核病等。要以机动喷雾器喷粗雾、或浇泼、或拌肥料(拌沙)等施药方式,将药剂施(渗)于稻株中下部。根据目前种植的水稻品种(组合)大都植株高大、叶片宽、生长茂密等特性,采用粗雾、浇泼或拌肥(沙)撒施,药剂才能渗漏到病虫害发生的中下部。细雾、喷粉等施药方式药剂几乎难以渗漏到病虫害发生部位,防效大打折扣。

3. 提高防效的施药方法　不同的施药方法和习惯对提高病虫害的防效有非常重要的影响。

(1)要对症下药　首先要认真查虫诊病,辨明主要为害的是虫还是病,再辨别其种类。对未能认准的疑难病虫,应及时找当地的农技人员现场确诊;或在田间拔取具有代表性的典型样株,带泥用塑料袋包好根部,送到当地农技部门请农技人员确诊,并指导对症下药。药、水配比要适宜,选用合适的新型施药工具。

(2)实行“后退”式喷药 将目前习惯的“前进”式喷药改为“后退”式喷施操作,保持行走的幅度有一定距离。实践证明,“后退”式喷药较习惯性“前进”式喷药操作虽较麻烦,但有以下好处:因缓慢后退,有利喷足药量;不致因行走而人为碰落过道两旁稻苗上的药液,提高防治效果;药液不易沾染衣服,有利于人体健康。

(3)施药时田水管理 施药田块不宜串灌、漫灌,凡过水田块应在施药前加开排灌沟。施药时,田间应保持3～5厘米浅水层。

4. 降低防治成本的措施 近年来,一些稻农在防治病虫害时,化学农药的成本不断上升,怎样才能降低成本,需要注意以下几点。

(1)买药要慎重 慎买农药是降低病虫害防治成本的一个重要环节。由于利益驱使,有些农药经销商为农户配农药时不会考虑其防治成本,往往将好几种药剂混配在一起交给稻农施用。这完全没有必要,对于单一病虫危害,只需施一种药即可。对于经诊断确认有几种病虫同时发生的田块,可考虑几种药(最多不超过3种)混配施用。

有时农药厂家、农药经销商往往夸大某种农药的防治效果,推介的一些所谓“好药”、“新药”多是一些利润较高的农药,不愿推销利润低、效果仍较好的传统农药,如三唑磷、杀虫双、噻嗪酮、三环唑等。这些农药如再配以对口的触杀、熏蒸类农药,同样能获得较好的防治效果。应尽量避免使用剧毒、高毒农药。使用低毒、安全的农药,大力推广应用生物农药。宜选用Bt及其复配剂,杀虫单,杀虫双等防治水稻螟虫、稻纵卷叶螟、吡虫啉、噻嗪酮防治稻飞虱;三环唑及其复配剂防治稻瘟病;井冈霉素防治纹枯病。稻田严禁使用对天敌和水生动物杀伤力较强的菊酯类农药,慎用有机磷类高毒农药。

此外，合理施肥，稻草还田，增加土壤中的硅、钾元素，也是减少病虫、降低防治成本的重要措施。

(2)*施药要准* 最近几年，稻飞虱、稻纵卷叶螟、稻曲病有偏重发生的趋势，二化螟、三化螟的发生危害保持稳定，局部地区减轻。针对这一情况，防治二化螟、三化螟可以采取挑治的办法，即当田间刚出现枯心团时，不必全田喷药，只需喷施枯心团。要掌握虫害防治“前轻后重”，病害防治“前重后轻”的原则。如前期的稻纵卷叶螟每100丛少于25个虫苞可以不喷药，因为水稻特别是杂交稻组合这时的叶片生长快，有很强的自我补偿能力，应充分加以利用。对于稻瘟病、细菌性的白叶枯病和细条病，可加大浓度防治发病株或发病中心，防止病害扩散蔓延。

防治中下部位的稻飞虱、螟虫、纹枯病、菌核病等宜采取粗雾或中雾喷施，使药液顺着叶片往下弥漫飘移，充分接触到植株受害部位和害虫。施药时田间要保持2～4厘米水层，可使大部分害虫触药后落水淹死，因为有些抗性强的害虫在接触药液后虽会晕倒掉落，但还会复活。配药用水的水质也对农药的稳定性和药效有较大影响从而影响防效，如用劣质水会导致药效下降甚至失效，所以配药时一定要用清洁的中性水。

(3)*喷药要巧* 施药时间、天气状况、选用器械、喷雾方法、喷雾粗细、田间干湿度等也是提高防治效果、减少投入成本不可忽视的因素。施药时间以无风阴天及晴天下午4～6时为最佳，因为有些农药（如敌敌畏）对光、温敏感，强光高温会使农药发生化学变化而降低防效。要根据防治对象和病虫危害部位，灵活掌握喷头高度和喷雾粗细。如防治稻纵卷叶螟、稻瘟病、白叶枯病等之类的水稻上部病虫害，喷雾一定要细，喷头与叶面保持在30～40厘米距离，因为高压药液通过喷头，要经过30厘米以上的距离才能完全雾化。

三、我国水稻病虫害防治状况

(一)我国和东南亚国家水稻病虫害防治对比

由于我国现行的稻作生产主要以单家独户经营为主,许多农户(南方)生产的水稻多是自己消费为主,作为商品销售的较少。由于户均稻田面积较小,基本都是采用精耕细作的耕作方式。更由于水稻是大部分农民的口粮,收成好坏对他们全年的粮食供给非常重要。因此,稻农对一些增产增收措施非常重视,水稻病虫害防治就是一项减损增产的措施。东南亚一些水稻生产国家,他们的人均耕地面积大,在耕作制度上多采用粗放式经营,对农药使用的管理也比较严格。我国在水稻病虫害防治上不论是施药次数、用药量还是成本花费都是较多的。别说与发达国家比,就是和邻近的东南亚水稻种植国家相比也是较高的。

据 1997 年对福建、浙江和湖北省一些农村农民的调查结果,我国农民在水稻病虫害防治上非常重视,在平均施药次数、平均药剂用量和平均农药花费上均明显高于东南亚等周边水稻种植国家的平均水平,而经济发达省份又高于全国平均水平(表 3-2,表 3-3)。

表 3-2　我国和东南亚国家防治水稻病虫害施药次数及费用

内　容	印　度	菲律宾	印度尼西亚	越　南	中　国
平均施药次数	2.4	2.0	2.2	3.2	8.0
花费人民币(元/公顷)	205.5	216.0	64.5	255.0	287.1

注:其他国家数据为 1990～1991 年

表 3-3 我国不同稻作类型病虫害防治情况

稻作类型	双季早稻	双季晚稻	单季中稻	单季晚稻	平 均
平均施药次数	5.7	8.7	10.0	7.9	8.0**
农药平均使用制剂量(千克)/公顷*	20.60	28.40	31.00	30.20	27.70
平均费用(元/公顷)	174.45	288.90	325.05	341.85	287.10

* 包括杀虫剂、杀菌剂、除草剂；**秧苗期 3 次，移栽后 5 次。表中数据为 1997 年调查结果

(二)我国不同类型水稻病虫害防治情况

近年来，我国水稻病虫害发生频繁，危害严重。与 10 年前相比，据 2006～2007 年对全国 26 个省(直辖市、自治区)100 多个县(市)的 6 685 户农户的调查结果，在病虫害的防治上稻农仍然比较重视。从施药次数上看，一季稻施药次数虽比 10 年前有所减少，但仍偏多。目前，全国每季稻施药 4 次(含 4 次)以下的比例为 43.76%，施药次数 5～6 次(含 6 次)的比例为 26.73%，7 次(含 7 次)以上的比例为 13.26%。从稻作类型来看，单季稻仍然是施药次数最多的，施药 7 次及以上的达 22.21%，其次是晚稻，早稻施药次数最少(表 3-4)。

表 3-4 不同水稻种植类型施药次数

稻作类型	≤4 次(%)	5～6 次(含 6 次)(%)	≥7 次(%)
一季稻	46.33	23.87	22.21
晚 稻	48.53	30.51	9.87
早 稻	36.43	25.82	7.69
平 均*	43.76	26.73	13.26

*表中合计百分比未达 100%，是因为调查户数中有的未回答或回答无效，下同

中稻和晚稻不论是秧田期还是大田期，病虫害平均防治次数都要高于早稻，防治费用也明显比早稻的高；草害防治平均次数则早、中、晚稻均差不多；费用则早、晚稻差不多，中稻的防治费用明显高于早、晚稻(表 3-5)。

表 3-5　我国水稻病虫草害防治次数与费用*　(单位:元/公顷)

病虫草防治	早　稻	晚　稻	早晚稻合计	中　稻
秧田病虫防治次数	1.15	1.82	2.97	1.77
大田病虫防治次数	3.12	4.23	7.35	4.55
防治草害次数	1.45	1.40	2.85	1.66
总防治次数	5.72	7.45	13.17	7.98
病虫防治费用	644.55	918.90	1563.45	815.85
草害防治费用	99.15	95.55	194.70	146.85
总防治费用	743.70	1014.45	1758.15	962.70

* 该表数据为 2006～2007 年调查结果

(三)我国不同稻作区病虫害防治情况

由于我国地域辽阔，稻作生态区差异很大，稻作习惯、重视程度不同，水稻病虫害发生危害差异也很大，防治上也有较大差异。从水稻生态区来看，华东稻区每季稻病虫害防治施药次数最多，施药 7 次及以上的比例达 32.12%，4 次(含 4 次)以下的比例不足 30%；其次是北方稻区，施药次数在 7 次及以上的比例达 26.72%，但 4 次及以下的比例约为华东稻区的 2 倍；再次是华中稻区和西南稻区。华南稻区施药次数最少，施药次数在 7 次及以上的仅 1.01%，施药 4 次及以下的占 70.53%，这可能与华南稻区以双季稻为主有关，表 3-6。早稻施药次数明显少于中稻和晚稻，其他稻区多以单季中稻或单季晚稻为主。

表 3-6　不同地区每季稻施药次数

地　区	≤4 次(%)	5～6 次(含 6 次)(%)	≥7 次(%)
北　方	57.85	12.40	26.72
华　东	29.84	27.22	32.12
华　南	70.53	19.91	1.01
华　中	51.02	30.48	10.01
西　南	61.22	26.57	4.49
合　计	52.89	25.43	13.42

我国不同稻作区采用药剂处理种子进行杀菌、消毒的比例差别较大。北方和长江下游稻区药剂浸种的采用率很高，北方几乎100%采用药剂浸种，长江下游约有 90%的农户采用药剂浸种。华南、长江中游和长江上游稻区的采用率在 50%～65%。由于水稻多种病害是由种子带菌引起的，而且通过种子药剂处理防治效果十分显著。种子药剂处理是一项简单、易行、易操作、事半功倍的措施，值得大力提倡和推广。

(四)我国不同稻农水稻病虫害防治情况

稻农的种稻面积(规模)、收入水平等均会影响对水稻病虫害的防治。从农户类型看，大户稻农施药次数最多，其次是一般户和规模大户，小户施药次数最少。这也体现出稻农对水稻生产的重视程度，小户种粮以自食为主，够自己食用即可，产量低些不重要，重要的是省钱和不要污染太重。一般户、大户和规模大户种稻，其稻谷主要以商品粮为主，稳产、高产及投入产出比最重要。一般水稻病虫害防治投入产出比是较高的，达到 1∶4 以上，所以加强对病虫害的防治，增加投入还是值得的(表 3-7)。

表 3-7　不同类型稻农农药施用情况

稻农类型	≤4 次(%)	5～6 次(含 6 次)(%)	≥7 次(%)
小　户	60.46	22.98	8.25
一般户	46.19	29.47	15.58
大　户	44.64	25.21	21.36
规模户	55.31	24.14	15.41
平　均	51.65	25.45	15.15

一般高收入和较高收入的稻农在水稻病虫害防治上农药施药次数较多,中等收入者次之,低收入者施药次数最少。这显示出高收入或较高收入者为保护水稻,获得高产稳产,不惜多花钱。而低收入者则显示出一种(没钱的)无奈(表 3-8)。

表 3-8　不同收入稻农农药施用情况

稻农类型	≤4 次(%)	5～6 次(含 6 次)(%)	≥7 次(%)
低收入	61.4	23.22	8.21
中等收入	54.33	24.75	11.82
较高收入	48.72	27.31	15.07
高收入	43.66	27.10	22.22
平　均	52.03	25.60	14.33

四、水稻主要病虫害傻瓜式防控技术集成

如前所述,当前全国农村劳动力实际情况是:精壮劳力大都进城务工了,在很多的村子里妇女老人和儿童已成为农业生产的主力军。依目前形势和城镇化发展趋势看,这种状况在短期内很难扭转。此外,由于我国农业的区域性很强,而农村土地分散、耕作制度多样化,病虫发生种类多且严重;基层植保技术薄弱,监测预

警技术滞后，防控经费保障不足；“两高”农药屡禁不止，安全用药存在隐患；多数农民未掌握病虫害防治关键技术，且应用综合防治技术的自觉性低；我国农业专家严重缺乏，现行体制下难以长期深入农村，基层农技推广队伍专业配置不全，新的农业技术推广障碍重重；农业自身的复杂性（多因素、不确定、不规范、非线性、周期长、跨地域等）和我国“三农”的特殊性（信息意识淡泊、文化素质低、基础设施落后等），说明了在我国水稻病虫害防治实践工作中还存在大量问题需要解决。

因此，加强集成创新，把繁杂的农业科技进行筛选，组装成通俗易懂、简便易行的农业技术，通过广泛的宣传和培训，提高农民群众对水稻病虫害危害的思想认识和科学防治水平，保证农业技术的使用率和到位率，对粮食增产、农业增效、农民增收至关重要。我们的目标是将复杂的技术“简单化、傻瓜化”。搞“傻瓜”式农业农民易接受、易掌握、易操作，这是我国农业现今及今后相当长一段时期的一个发展方向。已有的实践证明，凡是施行农业生产“傻瓜”化的地区和行业，成效都十分显著。

水稻主要病虫害“傻瓜”式防控技术针对病虫发生态势和当前生产实践中存在的薄弱环节，为适应当前我国农村劳动力现状，满足三农现实需求而研发集成的一套简便、高效、易掌握、易操作的技术，为促进粮食增产、农民增收服务。

（一）傻瓜式防控技术是社会的需求

目前，我国农村劳动力大量转移，劳动力价格提高。由于水稻种植效益连年下降，农民种粮积极性受到较大影响，农村劳动力大量转移进入非农行业。据统计，“九五”期间，我国农村实有劳动力46 508 万人，从事农业劳动力 32 798 万人，农业劳动力所占比例为 70.5%；而“八五”期间我国农村实有劳动力为 44 169 万人，从事农业劳动力 33 355 万人，农业劳动力所占比例为 75.5%；“九五”比“八五”期间从事农业的劳动力减少了557万人，农业劳动力比例减少了5个百分点。2000年农业劳动力占农村实有劳动力比例为68.4%，较1995年减少3.4个百分点；而从事非农业的劳动力为15 164万人，较1995年增加了2 458万人(表3-9)。

表3-9 “九五”和“十五”期间我国农村劳动力就业情况 （单位：万人）

九五	年　份	1996	1997	1998	1999	2000	平　均
	农村劳动力	45288	45961.7	46432.24	46896.19	47962.51	46508.13
	从事农业劳动力	32260.4	32434.9	32626.4	32911.32	32797.63	32797.63
	农业劳动力比例	71.23	70.57	70.27	70.18	68.38	70.52
十五	年　份	2001	2002	2003	2004	2005	平　均
	农村劳动力	48228.93	48256.8	48971.4	49302.7	—	48690.0
	从事农业劳动力	32451.21	31990.7	31259.8	30956.0	—	31664.4
	农业劳动力比例	67.29	66.29	63.83	62.79	—	65.05

注：从事农业劳动力包括从事农林牧副渔业的劳动力

虽然农村劳动力的大量转移还存在其他一些复杂因素，但种粮效益连年下降是重要因素之一。如2004年种粮效益提高，即有不少外出务工农民返回农村种田。由于农村劳动力的大量转移，一方面导致农村剩余劳动力价格提高，提高了水稻生产成本；另一方面，由于转移出去的农村劳动力以青壮年劳动力为主，留守农村的劳动力结构多为老人和妇女。因此，迫切需要轻简型栽培及植保技术的推广应用。抛秧、直播稻、免耕等就是水稻栽培的轻简技术，估计目前我国抛秧技术年推广面积达到700万公顷，每公顷可节省15～30个工，节本增收750～1 500元；估计目前直播稻推广面积在133.33万公顷左右，约占我国水稻面积的4.5%，每公顷可节省15～30个工，节本增收可达750～1 500元。预计免耕抛秧和免耕直播技术的推广面积达到200万公顷左右，若按照目前的机械整地价格计算，预计每公顷可再节本增收750元左右。

(二)傻瓜式防控技术是现实需求

病虫害是影响水稻高产、稳产、优质生产的重要因素之一。我国水稻重大病虫害常年发生面积年 8 000 万～8 667 万公顷，近年发生面积达到 1.067 亿～1.20 亿公顷。一般情况下，如果不防治可造成产量损失 20%，严重发生时，可造成 50%以上的产量损失。其中水稻螟虫(二化螟、三化螟，下同)发生面积 2 267 万～2 533 万公顷；迁飞性害虫稻飞虱 1 667 万～1 800 万公顷，稻纵卷叶螟 1 800 万～1 933万公顷。稻瘟病局部重发流行，面积 520 万～547 万公顷；纹枯病发生 1 467 万～1 600 万公顷；水稻条纹叶枯病和黑条矮缩病因近几年灰飞虱越冬基数较高，发生流行逐年扩大，目前发生面积在 227 万～240 万公顷。稻瘿蚊、稻水象甲、福寿螺，细条病、稻曲病、穗腐病等次要病虫害在局部稻区、不同年份、不同生长季节发生仍将继续扩大，危害加重。

(三)傻瓜式防控技术是省工、节本、增效的需求

由于水稻病虫害发生危害越来越严重，防治任务繁重。我国稻农在病虫害防治上虽花费大量的劳动力、农药和费用，但增效的同时也引发了食品安全等副作用。

水稻病虫害傻瓜式防控技术，能部分弥补我国现时的防治方法的不足，帮助农民省工、省力、省本，还有利于提高农产品的安全性。如实行病虫害的统防统治，抓好病虫害发生的关键时期，不同的杀菌剂、杀虫剂、除草剂混合施用，可达到一药多治，以最低的成本达到最好的防病、杀虫、除草效果，可降低生产成本。如育秧田远离麦田，秧苗上覆盖草帘，避免带毒灰飞虱取食危害秧苗，能有效抑制秧苗移栽后条纹叶枯病的发生，节约了农药成本。如采用农业措施清洁稻田的感病稻茬，选择抗病耐虫品种；轮作换茬，延迟或提前播种使水稻易感病虫害的生育期错过(避开)病虫发生高

峰期，降低发生程度等措施，均能有效地降低劳动力成本，减少化学药剂的施用量。

五、水稻主要病虫害傻瓜式防控技术的理论

（一）傻瓜式防控技术集成过程

主要针对当前我国农村劳动力现状及严重影响水稻产量和品质，大面积严重发生的水稻主要病虫害有：稻纵卷叶螟、螟虫（二化螟、三化螟、大螟，下同）、稻飞虱（褐稻虱、白背飞虱、灰飞虱，下同）；纹枯病、稻瘟病、细菌性病害（白叶枯病、细菌性条斑病，下同）、稻曲病、穗腐病、恶苗病和条纹叶枯病等。参考国内外、前人对水稻病虫害的防控经验，并根据笔者多年从事水稻病虫害研究及防治的实践经验，总结出一套简便、易学、易操作、省工、省力的水稻主要病虫害“傻瓜”式防控技术。该集成技术能有效防治水稻重大病虫危害，对于解决当前病虫防治难、成本高、防效差等突出问题，同时解决了因农村劳动力转移后水稻病虫害防治难的后顾之忧，减轻农药对环境生态污染，提高了植保技术到位率，切实保障水稻安全生产，对促进现代农业发展有积极的现实意义。

（二）傻瓜式防控技术策略

该技术是以稻田生态系统为基础，根据病虫害与水稻、有益生物和环境各种因素之间的关系，因地制宜，合理应用生态平衡的理论来指导防治，经济、安全、有效地把病虫害控制在经济允许水平以下，同时把整个农业生态系统内有害副作用减少到最低程度，最大限度降低病虫的危害程度。

（三）傻瓜式防控技术要点

水稻主要病虫害“傻瓜”式防控技术要点是基于田间实地调

查、准确预测预报的基础上，“狠抓两头放宽中间、科学合理混用农药、适时精准施药”。

(四)傻瓜式防控技术具体操作

水稻病虫害傻瓜式防控技术要点：抓好前期种子药剂处理和秧板消毒，打好“送嫁”药；利用水稻特别是杂交稻组合自身补偿能力强的特点，适当放宽中间期（分蘖－孕穗前期）防治指标；狠抓后期（孕穗－黄熟期）对产量和品质影响重大的病虫害的防控；根据当地农药市场和水稻病虫害发生实际，选用高效、低毒专化性药剂及科学合理混用农药；达到一次用药防治多种病虫害，省工、省力、省本、高效、生态的目的，具体是：

1. 重视前期（水稻种子—秧苗移栽前） 俗话说“秧好半成禾”，种子、秧田处理培育无病壮秧，达到事半功倍，效率可达 1∶10（1 亩身田可插 10 亩大田）。

①浸种前晒种 1～2 天，促萌发、杀病菌和害虫。

②盐水或黄泥水选种，保证高质量种子。

③药剂浸种或沼液浸种，确保无病虫种子。采用咪鲜胺、二硫氰基甲烷浸种；丁硫克百威、吡虫啉拌种，控制种传病害和苗期害虫的发生。主要防控对象为稻瘟病、恶苗病、细菌性病害、稻曲病、穗腐病、干尖线虫病，螟虫、稻纵卷叶螟、稻蓟马、灰飞虱等。

④精选秧田多施有机肥，最好采用旱育秧。

⑤样板消毒防治烂种、烂秧和死苗。主要对象为绵腐病、苗疫霉病、立枯病等。

⑥精量播种，及时盖膜、揭膜防治烂秧、死苗。

⑦秧苗移栽前 3～5 天打好送嫁药，防止病虫害带入大田。主要对象为稻瘟病、细菌性病害、胡麻叶斑病、条纹叶枯病；螟虫、稻纵卷叶螟、飞虱、稻蓟马等。

2. 放宽中期（水稻分蘖—孕穗前期） 大田前期除草很重要，

消除病虫基数，减少初侵染源。利用水稻自身补偿能力，适当放宽病虫害防治指标，而不是放松防治。

①早春犁耙田前灌深水3～5天闷杀越冬螟虫，犁耙田时捞除漂浮残渣深埋或烧毁，减少螟虫和纹枯病等初侵染源基数。

②施足基肥，氮、磷、钾平衡使用，多施有机肥。

③合理密植、抛秧，精量直播。加强水的排灌管理。

④追肥＋除草。移栽后6～8天随追肥拌除草剂撒施。

⑤加强测报。前期注意螟虫、稻纵卷叶螟、稻瘟病、细菌性病害、条纹叶枯病等；后期注意白背飞虱、纹枯病。达到防治指标上限时及时施药。

3. 力保后期(孕穗—黄熟期)　这是水稻产量形成关键期，受害1株损失1穗，此时受害，将使前期大量的工作浪费。要加强测报、严格防治指标，预防治疗并举，确保品质和产量。此时期稻株中下部病虫害有：纹枯病、菌核病、稻飞虱、螟虫等。中上部茎叶及穗部病虫害有：稻纵卷叶螟、蝽类、蚜虫，稻瘟病、叶鞘腐败病、细菌性病害、稻曲病和穗腐病、稻粒黑粉病等。上述病虫害可能个别发生，也可能同时发生。

要根据主要病虫害发生、危害的特点，要针对性地制定不同的防控措施。一些病虫害需要提前进行预防，一些需要根据防治指标进行防治。

①需要预防的病害。如稻瘟病(感病品种)、稻曲病和穗腐病(紧穗型、粳稻、籼粳杂交稻)，上年发病重的地区、田块，生长嫩绿、茂密的田块是重点预防对象。

②初见发病株或发病中心即需施药防治的病害：稻瘟病、细菌性病害。

③达到防治指标即需施药防治的病虫害：纹枯病、稻飞虱、螟虫、稻纵卷叶螟。

④以兼治为主的病虫害：椿象类、蚜虫类、叶鞘腐败病等。

(五)傻瓜式防控技术关键及保障

田间实地观测、调查、准确预测预报是关键;科学混配农药、及时合理准确施药是保障。然而,水稻病虫害傻瓜式防控技术是一项系统工程,需要把各方面工作都做到位,要以预防为主。

(六)傻瓜式防控注意事项

要选择高效、低毒、对口的药剂。“后头”离收割期很近,禁止使用高毒以上、长残留的农药。

六、水稻主要病虫害傻瓜式防控技术的实践

2007～2008年,在中国水稻研究所试验基地单季稻上对水稻主要病虫害进行傻瓜式防控技术试验与示范,取得了很好的效果。

(一)秧苗期(前期)措施

培育健壮秧苗,为高产、稳产打基础的关键时期。

1. 晒种和选种 浸种前在太阳下晒种2～3天,用黄泥水或盐水选种,用药剂浸种或拌种。防治种子带菌或苗期病害,如稻瘟病、胡麻叶斑病、恶苗病、立枯病、青枯病、猝倒病、干尖线虫病等可用三氯异氰尿酸(TCCA)、或二硫氰基甲烷、或25%咪鲜胺乳油62.5～125毫克/千克浸种、或“菌病清”(40%可湿性粉剂50克/10～13千克种子)、菌虫清(400倍液)浸种或拌种。防治苗期稻飞虱(灰飞虱)、稻纵卷叶螟、稻蓟马、稻瘿蚊等,丁硫克百威、吡虫啉等拌种,催好芽。苗期水稻条纹叶枯病和黑条矮缩病用毒死蜱、吡蚜酮杀灭灰飞虱防止传毒,秧苗在发病初期喷施宁南霉素以减轻发病。

2. 选择好秧田 田块要排灌方便,最好采用旱直播;施足基肥,多施有机肥。注意及时盖膜保温、揭膜通气炼苗,“断奶”后及时精量

补充肥料，培育壮秧。要根据水稻安全生育期，安排播栽期，将水稻易感病的关键生育期(孕穗后期—乳熟期)避开有利于病虫害发生、流行的温暖、高湿的气候条件(如杭州的9月中下旬)。

3. 施好送嫁药肥　秧苗移栽前3～4天施送嫁肥和送嫁药。送嫁肥以尿素为主，送嫁药需根据苗期病虫害发生情况和移栽后大田主要病虫害发生情况决定。主要防控对象为稻瘟病、胡麻叶斑病、细菌性病害，稻蓟马、稻纵卷叶螟、螟虫等。南方稻区注意加强对纹枯病、福寿螺、稻蝗和稻瘿蚊的预防。

(二)移栽后至孕穗前(中期)措施

此阶段是营养生长期，水稻自身补偿能力较强。在病虫害危害不是很严重的情况下，水稻可通过自身的补偿功能对受害植株进行修复，对后期产量影响不大。

1. 降低病虫害基数　犁耙田前放10厘米深水闷灌，犁耙田时撒生石灰750～1 500千克/公顷，消灭越冬螟虫；捞除田中(角)漂浮残渣，减少纹枯病菌核等病原基数。同时可中和因过度施用化肥造成的土壤酸度。

2. 加强对杂草防除　移栽(直播、抛秧)前主要做好对杂草的防控，栽后6～8天随第一次追肥混用除草剂防控杂草一次。

3. 适当放宽病虫害防治指标　充分利用水稻自身补偿能力，放宽对病虫害的防治指标，不要见病虫就施药。主要注意螟虫(二化螟、三化螟)、稻纵卷叶螟、白背飞虱(灰飞虱)；稻瘟病(山区、感病品种及往年发病重的地区、田块)、细菌性病害(白叶枯病、细菌性条斑病，沿海、沿湖、沿江、感病品种及往年发病重的地区、田块)、纹枯病、条纹叶枯病等的防控。

(三)孕穗后期至黄熟期(后期)措施

此阶段是水稻生殖生长，产量形成的关键生育期。也是多种病虫害复合发生、对水稻产量造成影响最大的时期。稍有疏忽，往往会造成“穿顶”、“倒塘”或“虱烧”状危害，产量损失50%以上。因此，要高度重视，加强田间调查，准确测报，严格防治指标，一达到防治指标就要施药防控。

1. 后期可能单独或复合发生的病虫害 华南稻区的双季晚稻中后期、长江流域及其以北稻区的单季(中)稻的生育后期，此时期水稻处于易感病期，气候条件适宜病虫害发生流行。

发生在稻株中下部病虫害有：纹枯病、菌核病、稻飞虱、螟虫等。

中上部茎叶及穗部病虫害有：稻纵卷叶螟、椿象类、蚜虫，稻瘟病、叶黑肿(粉)病、叶鞘腐败病、细菌性病害、稻曲病、穗腐病、稻粒黑粉病等。上述病虫害可能个别单独发生，也可能2个或多个同时发生。重点要关注稻瘟病(穗颈瘟)、纹枯病、白叶枯病、稻曲病、穗腐病；稻飞虱、稻纵卷叶螟、螟虫等。

2. 主攻和预防的病虫害 主攻目标为穗颈瘟、纹枯病、稻纵卷叶螟、稻飞虱和螟虫；预防稻曲病、穗腐病和细菌性病害。

(1)*采取预防措施* 需要采取预防措施的病害是稻瘟病(感病品种)、稻曲病和穗腐病(紧穗型、粳稻、籼粳杂交稻)，需重点关注的大田类型是上年发病重的稻区、田块，生长嫩绿、茂密的田块都是重点预防对象。可用三环唑＋井冈霉素进行预防。

(2)*封锁发病株和发病中心* 在初见发病株或发病中心即需施药封锁的病害有稻瘟病、白叶枯病和细菌性条斑病。

(3)*按防治指标防治的病虫害* 当达到防治指标即需施药进行防治的病虫害有纹枯病、稻飞虱、螟虫、稻纵卷叶螟。

(4)*以兼治为主的病虫害* 结合其他病虫害进行防治的病虫害有椿象类、蚜虫类、叶鞘腐败病和胡麻叶斑病等。

3. 防治单个病虫害的药剂 对于一些单独发生的主要病虫害，可选用单个药剂进行防治，对于2个或2个以上复合发生的病虫害,可选用 2 种或 2 种以上的药剂混用进行防治。

(1)防治稻瘟病　三环唑、稻瘟灵(富士一号)。选用 75%三环唑或 75%灭瘟灵每公顷 375～450 克;或 20%三环唑或 20%三环唑(平瘟乐)粉剂每公顷 1 500 克。

(2)防治纹枯病、稻曲病、穗腐病　选用 40%博特(井冈+蜡质芽孢杆菌)每公顷600～900 克,或优质 20%井冈霉素粉剂每公顷 1 125 克、或 15%三唑酮(粉锈宁)粉剂 1 500 克。在水稻破口前 5～7 天和破口期使用苯甲·丙环唑、戊唑醇等杀菌剂预防水稻稻曲病。

(3)防治稻纵卷叶螟和螟虫　一至二龄幼虫用毒死蜱、丙溴磷、丙溴·氟铃脲、稻丰散等药剂;也可选用 50%稻螟清、或 20%闪击螟(阿维菌素+三唑磷)每公顷 1 500 毫升,或选用 25%螟蛾杀星杀蝉+毒死蜱每公顷 1 500 克,再加 95%杀蝉(扑螟瑞)每公顷 525～750 克或 50%杀虫安 600～900 克。

(4)防治稻飞虱　低龄若虫用噻嗪酮和吡蚜酮、高龄若虫和成虫用毒死蜱;也可选用 10%吡虫啉每公顷用足 450 克、或 25%噻嗪酮粉剂每公顷 750 克。

(5)水稻条纹叶枯病和黑条矮缩病　毒死蜱、吡蚜酮杀灭灰飞虱防止传毒,秧苗期和发病初期喷施宁南霉素以减轻发病。用吡蚜酮或毒死蜱防治穗期灰飞虱。

由于孕穗末期至乳熟期是水稻易感病虫生育期,气候条件有利于病虫害发生流行时,很可能有两种或多种病虫复合发生危害,在防控上要根据实际情况,提倡一药多治和合理混配兼治,将两种或两种以上药剂即配即用,提高防治效果、减少用药次数、省工省力、降低防治成本、提高防治效率。

对稻株中下部病虫害,要采用手动或机动喷雾器粗雾喷雾于中下部;对于中上部病虫害,提倡手动或机动喷雾器细雾喷于上部叶片和稻穗,切不可采用泼浇法。每公顷必须用足水量 750 升,机动弥雾法每公顷水量必须用足300升，并喷洒均匀。

(四)水稻主要病虫害“傻瓜”式防控技术实际操作中注意事项

水稻主要病虫害在采用“傻瓜”式防控技术时，要达到省工、省力、省本和高效的目的，必须做到以下几点。

1. 严格按要求施药 为保证防治效果，使用上述防治技术时要严格按操作规程规定的时间、农药品种、用药量、喷水量、施药方法操作。

2. 科学合理混药 在防治复合发生的病虫害时，要根据防治对象选择对路的、能够互相混合的农药混用。混合用药并不是混的农药越多越好，一般2～3种农药混用即可。

3. 选择好喷药时间，用足水量 最好在阴天施药，如晴天施药，最好在上午10时前和下午4时以后为好。喷药量要足，苗期每公顷喷450千克以上，穗期喷750千克以上。大田施药后要保持3～4厘米水层3～5天。

4. 保护已喷药剂、控制施肥 最好采用“倒退”喷药法。对喷施了超级送嫁药的秧苗，拔秧时不要过多的洗秧，以免降低药效。严格控制肥料尤其是氮肥的施用量。并不是肥料越多越好，施肥过多会诱发病虫害发生并造成许多对水稻生长、产量不利的影响。

(五)水稻主要病虫害“傻瓜”式防控技术试验示范

为验证并展示水稻主要病虫害发生危害对产量影响的严重性和“傻瓜”式防控的重要性及其防治效果，近年，我们在农业部科技入户工程、农业行业专项(nyhyzx3-16)等项目支持下，在浙江省多个县市及中国水稻研究所试验基地，设置了多个水稻病虫害防治技术示范展示区。每个展示区设置3个处理区：完全不防治(A)、农民习惯防治(B)和农技员指导的“傻瓜”式防治(C)。每个处理区面积1/3公顷，共计示范展示面积5公顷。多地试验结果均证明，水稻在完全不施农药防治的情况下收成仅有30%左右。在未防治的A区，稻纵卷叶螟白叶率85%～95%、螟害率5%～7%、纹枯病病株率65.75%～73.91%，目测加考种产量损失达60%～75%。在农民习惯防治的B区，稻纵卷叶螟白叶率3.85%～4.67%、螟害率0.10%～0.13%、纹枯病病株率49%～53%，产量损失4.3%～4.7%。有农技员指导的“傻瓜”式防治C区，稻纵卷叶螟白叶率1.05%～1.36%、螟害率0.05%～0.07%、纹枯病病株率25.46%～28.89%，产量损失0.15%～0.27%。从多个水稻病虫害“傻瓜”式防控技术示范展示区的结果来看，水稻病虫害完全不防治时产量损失60%以上，农民习惯防治田产量损失5%以内，农技员指导下进行“傻瓜”式防治区的产量损失在1%以内。

通过3个展示区的对比，“傻瓜”式防控区、农民常规防治区和不防治区，病虫综合危害损失分别为0.9%、8.2%和25.1%，实际挽回损失为1 065～3 255千克/公顷。

2008年，用超级杂交稻组合“国稻6号”进行水稻病虫害“傻瓜”式防控展示试验，同样分成3个示范区：“傻瓜”式防控田、农民常规防治田、完全不防治田。“傻瓜”式防控田产量明显高于不防治区，增产33.44%，同时保证了稻谷品质(表3-10)。

表3-10　不同防治类型田病虫害发生、危害及对产量影响

病虫害指标		“傻瓜”式防控田	农民常规防治田	完全不防治田
纹枯病	病丛率(%)	18.0	35.0	80.0
	病株率(%)	2.1	5.2	9.3
	病情指数	0.8	2.4	12.8
稻瘟病	病株率(%)	0.3	1.2	2.8
	病叶率(%)	1.9	2.5	7.6
	病粒率(%)	0.05	0.03	1.2

续表 3-10

病虫害指标		“傻瓜”式防控田	农民常规防治田	完全不防治田
稻曲病	病穗率(%)	0.6	2.9	4.1
二化螟	虫伤株率(%)	0.3	0.9	1.4
	白穗(%)	无	1.5	3.8
稻飞虱百蔸虫量(头)		50.0	65.0	500.0
稻纵卷叶螟百蔸卷苞(个)		11.0	35.0	67.0
平均每丛有效穗数(个)		11.5	11.3	10.1
每穗粒数(粒)		195.0	191.0	186.0
空瘪率(%)		6.0	10.0	15.0
千粒重(克)		27.4	27.3	27.1
理论产量(千克/公顷)		12990	11925	9735
增产(千克/公顷)(%)		3255(33.44)	2190(22.5)	—

注:不防治区比傻瓜式防控区产量少 3 255 千克/公顷,各种病虫综合危害损失达25%以上

一般的,通过对水稻主要病虫害进行傻瓜式防控,每季水稻一般可减少施药次数 2～3 次,每公顷省工 15.0～22.5 个、少用农药30.0%～35.5%、节省农药费 60～75 元、每公顷增产稻谷 450～600 千克;同时可减少化肥的使用量,减轻污染,改善生态环境。

以上事实均证明,水稻病虫害发生危害对水稻产量的影响是很大的。病虫害发生后各方面重视与否、防与不防、防治技术水平及技术到位率等对减少水稻产量损失、获得高产、稳产是非常重要的。试验及示范的结果也进一步证明了植保技术在水稻生产实践中的重要性。

第四章　农药基本常识及混用配比方法

一、农药的基本常识

(一)农药的基本概念

农药主要是指用于防治为害农林牧业生产中的有害生物(害虫、害螨、线虫、病原菌、杂草及鼠类等)和有目的地调节植物、昆虫生长的化学合成或者来源于生物、其他天然物质的一种物质或者几种物质的混合物及其制剂的化学药品。

农药是一种重要的生产资料和救灾应急物资。农药的应用对保证农业稳产、高产,提高人民生活水平有着非常重要的作用。

(二)农药的分类

1. 根据原料来源分类

(1)*无机农药*　以矿物原料加工制成的。如硫制剂的硫黄、石灰硫黄合剂;铜制剂的硫酸铜、波尔多液;磷化物的磷化铝等。

(2)*生物源农药*　一类是植物源农药,是用天然植物加工制成的,所含有效成分是天然有机化合物,如除虫菊、烟碱、赤霉素等。另一类是微生物源农药,是用微生物及其代谢产物制成的,如 Bt 乳剂、井冈霉素、阿维菌素等。生物源农药具有对人畜安全,不污染环境,对天敌杀伤力小和有害生物不会产生抗药性等优点,是生产无公害、绿色农产品大力推广的农药品种。

(3)*有机合成农药*　即人工合成的有机化合物农药。这类农药的特点是药效高、见效快、用量少、用途广,可适应各种不同的需要,但是污染环境,易使有害生物产生抗药性,毒性高,对人畜不安全。

2. 根据防治对象分类

(1)杀虫剂　用来防治有害昆虫的化学物质。目前常用的杀虫剂主要是有机磷类和菊酯类杀虫剂。

(2)杀螨剂　用来防治螨类及其卵的化学物质。

(3)杀菌剂　用来防治病原微生物(包括线虫)的化学物质。

(4)除草剂　用来防除农田及环境中杂草的化学物质。

(5)杀鼠剂　用来防治农田及各种环境中害鼠的化学物质。

(6)植物生长调节剂　用来促进或抑制农林作物生长发育的化学物质。

3. 根据农药的作用方式分类

(1)杀虫、杀螨剂　杀虫、杀螨剂又可根据作用方式分为以下几种类型。

①触杀剂　药剂接触害虫,通过体壁及气门进入害虫、螨类体内,使之中毒死亡。

②胃毒剂　药剂通过害虫取食而进入其消化系统,使之中毒死亡。

③内吸剂　药剂被植物的茎、叶、根和种子吸收而进入植物体内,并在植物体内传导扩散,或产生更毒的代谢物,使取食植物的害虫中毒死亡。

④熏蒸剂　药剂在常温下化为有害气体,通过呼吸系统进入害虫体内,使之中毒死亡。

⑤昆虫生长调节剂　药剂阻碍害虫的正常生理功能,阻止正常变态,使幼虫不能变蛹或蛹不能变成虫,形成没有生命力或不能繁殖的畸形个体。

(2)杀菌剂

①保护剂　在植物发病前或发病初期,将药剂均匀覆盖在植物体表,消灭病原微生物或防止病原微生物扩展蔓延。

②治疗剂　植物发病后施用,这类药剂通过内吸进入植物体

内，传导至未施药的部位，对植物体内病原微生物产生毒性，抑制或消灭病原微生物，使病株不再受害，恢复健康，因而具有保护剂达不到的治疗效果。

(3)除草剂　除草剂根据作用方式可分为以下 2 种：

①选择性除草剂　这类除草剂对作物的毒性和防除杂草的种类有选择性，它可分两大类，一类是单子叶除草剂，另一类是双子叶除草剂。

②灭生性除草剂　这类除草剂对植物缺乏选择性，或选择性很小，能杀死绝大多数绿色植物。

(三)农药的剂型

未经过加工的农药一般称为原药(有效成分含量为 100%)。原药都要经过加工、加入适当的填充剂和辅助剂。制成含有一定成分、一定规格的制剂才能使用。

1. 可湿性粉剂　农药的原药与填料(如高陵土、陶土、滑石粉)和湿润剂按一定比例混合，经机械粉碎而制成的粉状物。它易被水湿润，在水里经搅拌后可形成均匀的悬浮液。除了用作喷雾外，还可用作拌种、撒毒土、土壤处理和泼浇使用。

2. 乳油剂　农药的原药和乳化剂按一定比例溶解在有机溶剂中(如苯、二甲苯等)，成为溶有原药及乳化剂的溶液。乳油在水中是不能溶解的，但对水搅拌后，即被搅成无数微小的油滴，靠乳化剂的作用，使这些微小的油滴均匀地悬浮在水里，成为乳白色的乳状液。喷洒时能在植株表面湿润展布，黏附力强、渗透能力强、不易被雨水冲刷、防治效果好、残效期长、使用方便、用途广，可喷雾、泼浇、涂抹、拌种、浸种和处理土壤等。

3. 颗粒剂　农药的原药、辅助剂和载体(如土粒、煤渣等)配制成的颗粒状制剂。颗粒剂的优点是在施用过程中，沉降性好、飘移性小、对环境污染轻、残效期长、施用方便、省工省时。

4. 水剂 水剂是利用某些原药能溶解于水中的特性，直接用水配制而成。优点是加工方便、成本低；但是不易在植物体表湿润展布，黏着性差，含有大量水，长期贮藏易分解失效。

5. 悬浮剂 由农药的原药、微粒、水、分散剂和防冻剂等构成的黏稠性悬浮液。悬浮剂兼具乳油和可湿性粉剂的优点，主要用于常规喷雾。

6. 片剂 农药的原药，填料和辅助剂压制成的片状制剂。其中水溶性片剂，可作为浸种用；吸潮分解的片剂，可作为熏蒸剂使用。

在农药产品推介中或包装袋上常见一些英文代号，许多农技人员和农户都不太明白它们所代表的意思，表 4-1 列出了这些常见代号的中文解释，以供参考。

表 4-1 农药中常见代号及中文名称

代号	内容	代号	内容
Kg/ha	千克/公顷	WP	可湿性粉剂
TM	总重量	EC	乳剂(乳油)
Wt	重量	G	颗粒剂
m·p	熔点	FU	烟剂
b·p	沸点	CF	胶悬剂
SG	密度	SP	可溶性粉剂(又叫水溶性粉剂)
pH	酸碱度	SE*	悬乳剂(胶悬剂)
ED_{50}	有效中量	S	液剂
LD_{50}	致死中量	SS	种子处理用水溶性粉剂
LC_{50}	致死中浓度	ST	种子处理剂
LT_{50}	致死中时间	SD	拌种剂(种衣剂)
KT_{50}	击倒中时间	DS	干拌种粉剂

续表 4-1

代　号	内　容	代　号	内　容
PC	百分比浓度	LS	种子处理用溶液
ppm	百万分比浓度	PS	外涂种子的农药
ppb	十亿分之一的浓度	AS	水剂
TLM	忍受极限中浓度	OL	油剂
TLV	(有害物)最高允许浓度	FO	微粉剂
MAC	最大允许有效药量	VL	超低容量液剂
MED	最大有效浓度	SV	超低容量悬剂
MEP	最小有效浓度	DF	干悬浮剂
MRL	最高残留限量	EO	水在油中的乳液
ADI	人体每日允许摄入量	EW	油在水中的乳液(水乳剂)
TC	原药	WG	水中可分散的颗粒剂
DP	粉剂	SL	可溶性液剂
WS	湿拌种剂	FS	悬浮种衣剂
VP	熏蒸剂	GR	颗粒剂
UL	超低容量粒剂	VC	超低容量液剂
R	饵剂	AE	气雾剂

* SE=悬乳剂是将悬浮剂(SC)和水乳剂(EW)合并成一个制剂的新剂型，国际代号为 SE

(四)农药的使用方法

农药的使用方法很多，地面施药的方法大致可归纳为喷雾、喷粉、泼浇、撒毒土(肥)、毒谷与毒饵、拌种、浸种、涂抹、熏蒸等。

1. 喷雾法　就是利用喷雾器将按一定比例配好的药液喷洒到农作物或病虫杂草上的一种方法。这种方法优点是展布性和均匀性较好，药效期长，与病虫草接触的机会较多。缺点是易被风吹走，需要有良好的水源，且对水质要求较高。

2. 喷粉法 利用鼓风机械所产生的气流把农药粉剂吹散后沉积到作物上的施药方法。优点是不用水，工效高，在作物上的沉积分布性能好，药剂分散比较均匀，使用较方便。但粉尘飘移使其应用范围受到限制。目前，在温室、大棚、森林、果园、水稻田仍然是较好的施药方法。按施药手段可分为手动喷粉法、机动喷粉法和飞机喷粉法3种。

3. 撒施法 撒施法是将农药与湿润细土或化肥充分搅拌均匀，由人工直接撒施。撒施法的优点是农药对天敌影响小，药剂不飘移，直接达到植株下部，不易挥发，残效期较长，其不足之处是撒施均匀度不够。

(1)拌土 撒施用的药土要求pH值呈中性的细潮土，对液剂农药先加少量水稀释，用喷雾器喷于土壤，边喷边搅；粉剂农药可用少量土拌匀，再与其余的土拌和；颗粒剂农药可边拌土，边搅拌均匀。混拌后的药土应干湿适宜，捏得拢、撒得开。

(2)拌肥 农药拌肥的技术要求比较严格，要求施药适期与追肥时期一致，施用的肥料对农药不影响药效，对作物不产生药害，要选用适宜的农药剂型与化肥混合。拌肥时要使化肥与农药充分拌匀。

撒施时应注意：一是避免植株有露水时施药；二是药土和药肥要均匀撒施。

4. 泼浇法 就是把定量的可湿性粉剂，加在较大量的水里，搅拌均匀后进行泼浇。这种方法优点是，由于液滴较粗，减少了挥发损失量，增加了病虫接触药剂的面积。另外，操作方便，使用工具简单。缺点是药量要比一般喷雾法多2～3倍。

5. 毒饵法 毒饵是将害虫或鼠类喜吃的食料与药剂配制成一种含毒食物。各种谷物、糠麸、薯类、杂草和食用油料的残渣等，都可作为饵料。使用时应根据害虫取食习性，于傍晚撒布于田间诱杀。

6. 拌种法 拌种就是将药剂与种子均匀地拌和在一起，使种子表面均匀地覆上一层药粉或药膜，在种子播种后，发挥其防治病虫的药效。拌种时可在拌种器内进行，也可先将药剂配成药液，均匀地喷洒在摊开的种子上，边喷边拌，拌和后堆闷一定时间再播种，能充分发挥药效，提高防治效果。但堆闷时间不宜过长，以防发热影响发芽率。

7. 浸种法 就是先将药剂配成一定浓度的药液，然后将种子浸在药液里，使种子表面能吸收和黏附一部分药液，以达到消灭种子表面和内部病菌的一种方法。浸种时间应根据防治病害对象与当时的气候而定。气温高时，浸种时间要短些；气温低时，浸种时间宜长些。浸种时，种子应全部浸没在药液里，药液应高出种子3～5厘米，以防种子露出水面，影响效果。

（五）农药的合理使用

在对有害生物防治中要想获得好的防效，除要选择好对口的农药，科学、合理、正确使用农药也非常重要。合理使用农药就是要以最少的药剂，获得最大的防治效果，同时尽量减少对作物及环境的污染，保证对农作物、人、畜等安全，对害虫天敌影响较小，能延缓病、虫、草害对农药产生抗性等。合理使用农药必须注意以下几点。

1. 正确掌握施药适期 选择合适时间施用农药，首先要掌握所要防治的病虫草害的发生规律，掌握田间实际发生动态。

（1）*防治害虫* 应选择最易杀伤害虫，并能有效控制为害的阶段进行。对食叶害虫和刺吸式口器害虫一般应在低龄幼虫、若虫盛发期防治为好；对钻蛀性害虫一般应在卵孵盛期防治为好。

（2）*防治病害* 应选择水稻易感病的生育期和病害发生初期进行施药防治。

(3)防控杂草　以种子繁殖的杂草，在幼芽或幼苗期对除草剂比较敏感。因此，这一时期就作为防除杂草的适期。

(4)防控害鼠　毒饵的投放宜掌握在鼠类断食阶段和大量繁殖前最好，因而春季灭鼠效果最好。

对于作物而言，药剂对作物的安全性是确定施药适期的先决条件。

2. 对症下药　要根据有害生物的种类、发生特点、危害症状，结合农药的性能选用适当的农药类型和品种，做到对症下药。

3. 浓度和用量要适当　用药浓度和用药量是根据科学试验结果和群众实践经验而制定的。因此，要防止盲目提高药剂浓度和加大用药量，要防止定期普遍施药。要根据预测预报结果按照基层植保部门的指导施药。要防止配药时不称不量，随手倒药、随便估算等不合理做法。

4. 讲究防治方法和用药质量　在田间施药时，要细致周到，讲究质量。要根据病虫种类，在作物上危害的部位，把农药用在要害处。不同的农药剂型，应采用不同的施药方法。一般的乳剂、可湿性粉剂、水剂等以喷雾为主；颗粒剂以撒施或深层施药为主；粉剂以撒毒土为主；内吸性强的药剂，可采用喷雾、泼浇、撒毒土法等；触杀性药剂以喷雾为主。危害上部叶片和穗部的病虫害，以喷雾为主；钻蛀性或危害作物基部的害虫，以撒施毒土法或泼浇为主。凡是夜出危害的害虫，以傍晚施药效果较好。对光温敏感的药剂宜在阴天或晴天的早上或傍晚施药。

5. 合理轮换和混用农药　针对某一种病虫害长期使用同一种农药防治，会产生抗药性。如果轮换使用性能相似而不同品种的农药，就会提高农药的防治效果。农药的合理混用不但可以提高防效，而且还可扩大防治对象，延缓病虫产生抗药性。但也不能盲目混用，否则，不仅造成浪费，还会降低药效，甚至引起人畜中毒等不良后果。

6. 注意人畜安全 在使用农药时，要严格遵照安全使用规程，防止中毒事故发生，同时要注意农药残毒问题。

(六)农药的毒力(活性)

毒力是指药剂本身对不同生物发生直接作用的性质和程度。一般是在相对严格控制的条件下，用精密测试方法，及采取标准化饲养的试虫或菌种或杂草而给予药剂的一个量度，作为评价或比较标准。

1. 农药活性的表示 农药活性一般用抑制中量(ED_{50})和抑制中浓度(LD_{50})(杀菌剂、除草剂)，或致死中量和致死中浓度(杀虫剂)表示，抑制50%生物生长或杀死50%生物个体的剂量叫抑制中量或致死中量，如用浓度表示则叫抑制(致死)中浓度。抑制(致死)中量或中浓度也叫有效中量或有效中浓度。常用ED_{50}或LD_{50}值的大小来比较农药对生物的活性(毒力)。

(1)致死(抑制)中量(LD_{50}) 是指致昆虫半数死亡所需杀虫剂有效成分重量，以个体接受量为单位，单位为：微克/虫或微克/克(虫重)。对于杀菌剂和除草剂则为抑制中浓度，单位为：毫克/升、微克/升或微克/毫升等。

(2)致死(抑制)中浓度(LC_{50}) 是指致昆虫半数死亡所需药剂浓度，以单位体积或单位重量的药剂中含有杀虫剂有效成分的百分数，千分数表示。对于杀菌剂和除草剂则为抑制中浓度，指药剂抑制微生物50%菌丝生长或孢子萌发，或抑制50%杂草生长所需的药剂有效浓度。单位为：毫克/升，微克/升等或1%，1‰。LC_{50}值越大药剂的生物活性越低。

(3)有效中量(ED_{50}) 是指致半数供试昆虫产生某种反应所需杀虫剂用量。如抑制化蛹、抑制羽化、阻止吸血等，表示单位与致死中量相同。

(4)击倒中量(KD_{50}) 是指致半数供试昆虫被击倒所需杀虫

剂用量，与致死中量不同，昆虫的反应是击倒（麻痹）而不死亡，是群体接受的药量，如克/米^2，或克/米^3，不是个体接受的药量。

（5）击倒中时（KT_{50}） 是指致半数供试昆虫麻痹所需要的时间（分钟）。

2. 农药的毒性类型 根据不同的分级标准和方法，农药的毒性可分为急性毒性和慢性毒性。

（1）急性毒性 指一次口服、皮肤接触或通过呼吸道吸入等途径，接受了一定剂量的农药，在短时间内能引起急性病理反应的毒性，急性毒性值越小的农药，其毒性越大。急性毒性值越大的农药，其毒性越小。如有机磷剧毒农药1605、甲胺磷等均可引起急性中毒。

（2）亚急性毒性 亚急性毒性是介于急性与慢性毒性之间的一种毒性表现，有时难以划定明确的界限。指染毒期不长（一般为3个月），或接触毒物时间不长（数十天乃至数月）对机体引起功能和（或）结构的损害。常以毒性反应、毒性剂量、受损靶器官、无作用水平及病理组织学变化等描述亚急性毒性。

（3）慢性毒性 指低于急性中毒剂量的农药，被长时间连续使用，接触或吸入而进入人、畜体内，引起慢性病理反应，如化学性质稳定的有机氯高残留农药666、滴滴涕等。

（七）农药毒性的表示方式及分级标准

目前，水稻病虫害的防治基本还是以化学农药为主，农艺措施、物理的和生物的防治方法为辅。因此，农户经常会接触到农药。凡是农药都有或高或低的毒性，为使农技人员和稻农更好地使用农药，避免造成不必要的危害，掌握、了解农药的基本知识很有必要。

1. 农药毒性表示方法 农药对人、畜的毒性可分为急性毒性和慢性毒性，通常讲的农药毒性指的是农药的急性毒性。表4-2、

表 4-3 分别表示国际和我国对农药毒性的分级标准。按照我国制定的农药急性毒性分级标准,农药毒性分为剧毒、高毒、中等毒、低毒和微毒 5 个等级。

表 4-2　世界卫生组织推荐的农药危害分级标准

级　别	经口(毫克/千克体重)		经皮(毫克/千克体重)	
	固　体	液　体	固　体	液　体
Ia 极度危害	5 或<5	20 或<20	10 或<10	40 或<40
Ib 高度危害	5～50	20～200	10～100	40～400
II 中度危害	50～500	200～2000	100～1000	400～4000
III 轻度危害	>500	>200	>1000	>4000

注:LD_{50}大鼠,毫克/千克体重;表中的"固体"和"液体"指分级产品和制剂的物理状态;分类中的"危害"是指对健康的急性危害,即在较短的时期内,一次或多次接触的危害。这种危害是任何接触农药的人可能意外遭遇到的

表 4-3　我国农药急性毒性分级标准

毒性级别	毒性分级	经口 LD_{50} (毫克/千克) (4 小时)	经皮 LD_{50} (毫克/千克) (4 小时)	吸入 LC_{50} (毫克/米^3) (2 小时)
剧　毒	Ia 级	≤5	≤20	≤20
高　毒	Ib 级	5～50	20～200	20～200
中等毒	II 级	50～500	200～2000	200～2000
低　毒	III 级	>500～5000	>2000～5000	>2000～5000
微　毒	IV 级	>5000	>5000	>5000

注:表中的 LD_{50} 均指对大鼠

2. 我国常用农药分级标准　目前,我国根据农药的致死中量(LD_{50})值的大小将农药的毒性分为以下 5 级。

(1)剧毒农药　致死中量为 1～50 毫克/千克体重。如久效磷、磷胺、甲胺磷、苏化 203 和 3911 等。

(2)高毒农药　致死中量为 51～100 毫克/千克体重。如呋喃

丹、氟乙酰胺、氰化物、401、磷化锌、磷化铝、砒霜等。

(3)中毒农药　致死中量为101～500毫克/千克体重。如乐果、异丙威、速灭威、敌克松、402和菊酯类农药等。

(4)低毒农药　致死中量为501～5 000毫克/千克体重。如敌百虫、杀虫双、马拉硫磷、辛硫磷、乙酰甲胺磷、二甲四氯、丁草胺、草甘膦、硫菌灵、氟乐灵、苯达松和莠去津等。

(5)微毒农药　致死中量为5 000毫克/千克体重以上。如多菌灵、百菌清、乙磷铝、代森锌、灭菌丹和西玛津等。

根据目前农业生产上常用农药(原药)的毒性,进行综合评价(急性口服、经皮毒性、慢性毒性等)后,可简单地将它们分为高毒、中等毒、低毒3类。

(1)高毒农药(LD_{50}<50毫克/千克)　3911、苏化203、1605、甲基1605、1059、杀螟威、久效磷、磷胺、甲胺磷、异丙磷、三硫磷、氧化乐果、磷化锌、磷化铝、氰化物、呋喃丹、氟乙酰胺、砒霜、杀虫脒、西力生、赛力散、溃疡净、氯化苦、五氯酚、二溴氯丙烷、401等。

(2)中等毒农药(LD_{50}在50～500毫克/千克)　杀螟松、乐果、稻丰散、乙硫磷、亚胺硫磷、皮蝇磷、六六六、高丙体六六六、毒杀芬、氯丹、滴滴涕、西维因、害扑威、叶蝉散、速灭威、混灭威、抗蚜威、倍硫磷、敌敌畏、拟除虫菊酯类、克瘟散、稻瘟净、敌克松、402、福美砷、稻脚青、退菌特、代森胺、代森环、2,4-滴、燕麦敌、毒草胺等。

(3)低毒农药(LD_{50}>500毫克/千克)　敌百虫、马拉松、乙酰甲胺磷、辛硫磷、三氯杀螨醇、多菌灵、硫菌灵、克菌丹、代森锌、福美双、萎锈灵、异草瘟净、乙磷铝、百菌清、除草醚、敌稗、阿特拉津、去草胺、拉索、杀草丹、2甲4氯、绿麦隆、敌草隆、氟乐灵、苯达松、茅草枯、草甘膦等。

3. 不同农药的适用范围　根据农药安全使用标准,凡有关部门已制订出农药安全使用标准的品种,均按照标准要求执行。尚未制定标准的品种,执行下列规定。

(1)高毒农药 不准用于蔬菜、茶叶、果树、中药材等作物,不准用于防治卫生害虫与人、畜皮肤病。除杀鼠剂外,也不准用于毒鼠。氟乙酰胺禁止在农作物上使用,不准做杀鼠剂。3911乳油只准用于拌种,严禁喷雾使用。呋喃丹颗粒剂只准用于拌种,用工具沟施或戴手套撒毒土,不准浸水后喷雾。

(2)高残留农药 如六六六、滴滴涕、氯丹不准在果树、蔬菜、茶树、中药材、烟草、咖啡、胡椒、香茅等作物上使用。氯丹只准用于拌种,防治地下害虫。

(3)杀虫脒 虽可用于防治棉花红蜘蛛、水稻螟虫等。根据杀虫脒毒性的研究结果,应控制使用。在水稻整个生长期内,只准使用1次。每公顷用25%水剂1 500克时距收割期不得少于40天,每公顷用25%水剂3 000克时距收割期不得少于70天。禁止在其他粮食、油料、蔬菜、果树、药材、茶叶、烟草、甘蔗和甜菜等作物上使用。在防治棉花害虫时,亦应尽量控制使用次数和用量。喷雾时,要避免人身直接接触药剂。

另外,禁止用农药来毒鱼、虾、青蛙和有益的鸟兽等,禁止用农药来治疗人类病害,如皮肤病等。

二、农药在农业生产中的利弊

由于耕地面积不断减少,世界人口不断增加,人类对生存环境的保护意识不断增强,使得人口、粮食、环境成为当前及进入21世纪后长期的突出问题,摆在了人类的面前。人口增长需要更多的粮食。通过提高农业生产技术和复种指数,加强优质高产作物杂交品种的育种栽培,使用杀虫、防病、除草农药,世界作物产量有效地提高了3倍。而到2040年人类必须将世界上现有农作物的产量再提高3倍,才能满足需要。

提高粮食产量离不开农药。目前,世界农业虽然已大量使用农药,每年仍有35%的农作物产量损失,倘若离开农药,损失则高达60%~70%。由此可见,农药已成为人类生存和发展不可缺少的救灾物资。在农业生产中使用农药会带来很多好处,但同时也有许多副作用。总的来说,好处大于坏处,而且通过科学、合理、正确地使用农药会增加好处,减少坏处。

(一)农药在农作物高产稳产中的作用

农药在农业生产中的作用,简单地说就是控制有害生物,减少由此造成的危害(产量损失),增加农产品收获量,提高收益。

1. 防治有害生物,保障高产稳产 据调查,全世界重要的病、虫、草害达1 300多种,其中病害550多种,虫害700多种,恶性杂草80多种。据有关资料报道,由于病、虫、草、鼠害而造成全世界农作物产量损失占收获前的35%,收获后的10%~20%。其中害虫造成的农作物损失达13%~16%,植物病原体造成的损失为12%~13%,杂草为10%~13%,使用农药防治可挽回15%~30%农作物产量。如果一旦停止用药或严重的用药不当,1年后将减少收成25%~40%(与正常用药相比),2年后将减少40%~60%甚至绝产。

如果没有农药和非化学方法的防治,有害生物造成的危害将比现在更惨重。Oerke等(1994)估计,如果不采取任何措施对有害生物进行防治,世界作物损失将上升到70%,每年导致经济损达4 000亿美元,将对世界的粮食供给造成明显的负面影响。

在美国,每年有害生物造成的作物损失达37%(虫害占13%,植物病原体占12%和杂草占12%)。通常每年在农药防治上的投入约50亿美元,大约可挽回200亿美元的损失。如果不防治,美国的作物损失同样地将上升到63%,折算经济损失为900亿美元。

2. 提高农业效益,增加农民收入 据我国农业部统计,我国常年有害生物发生面积 2.3 亿～2.67 亿公顷，其中病虫害发生面积 2.00 亿～2.33 亿公顷，草害 0.40 亿～0.47 亿公顷，鼠害 0.13 亿～0.20 亿公顷。由于使用农药，我国平均每年挽回粮食 5 848 万吨、棉花 101 万吨、蔬菜 4 500 万吨、油料 228 万吨、苹果 537 万吨、柑橘 119 万吨、挽回直接经济损失 800 亿元人民币。使用农药防治农作物病虫害的效益是很高的，一般农药品种的投入产出比可达 1∶4 以上。近年来，由于许多高效、低毒、低残留新农药的研制和使用，农药使用的投入产出比已高达 1∶10 以上。

有人做过统计，如果我国减少农药用量 30%，将导致 3.5 亿人遭受饥饿。所以，农药的使用是保证农作物稳产、高产，保证农业生产经济效益的重要手段。

3. 利于三农发展　随着我国人口的增长以及城市建设和工业用地的增加，耕地面积在不断减少，为了满足不断增长的人口粮食需求和人民生活水平的提高，提高单位面积产量是解决我国粮食问题的重要出路之一，而使用农药防治有害生物是保证农业高产、稳产的重要手段。目前，农药在水稻病虫害防治上仍是最后的应急和常用的技术手段。可见，农药在社会主义新农村建设中的重要作用。

(二)使用农药后产生的副作用

农药在农业生产中防治有害生物危害，保证农产品高产、稳产、粮食安全等方面起到了重要的、不可替代的作用。但不可否认，由于农药的长期大量使用造成了许多负面影响甚至严重的危害。

1. 环境污染　我国每年农药(成药)用量超过 130 万吨，单位面积用量为世界平均用量水平的 3 倍左右。由于化学农药毒性较高，造成农产品中残留农药较多，而且会渗透到土壤、河流或地下水中，人、畜饮用后影响健康；降低土壤质量，造成环境污染。据对我国 23 个省(自治区、直辖市)的不完全统计，2000 年共发生农业环境污染事故891起，污染农田4万公顷，造成农畜产品损失近2.5万吨，直接经济损失达2.2亿元。化肥、农药过量和不当使用以及化肥、农药本身产品结构造成的污染，正成为农业环境污染中的一个突出问题，而由此引起的食品安全和潜在的长期的环境污染更是令人不安。2000年对我国30万公顷基本农田保护区土壤有害重金属抽样监测结果显示，有3.6万公顷土壤重金属超标，超标率达12.1%。

2. 人畜中毒和疑难杂症多发 在我国，每年发生较大的农药事故达3 000～4 000起，因农药污染赔款超过1亿元。食品不安全，中毒事件时有报道，新病、怪病、怪胎大量出现。自20世纪50年代以来我国癌症发病率迅速上升，其中胃癌上升109.4%，淋巴癌上升158.6%，皮肤癌上升321.0%，农药泛滥是祸害的源头之一。

3. 产生抗药性生物 由于长期使用某些化学农药，导致抗药性害虫从最初的10几种扩大到现在的400多种；产生大量的抗药病原微生物和杂草。

4. 农产品污染 经农业部稻米及制品质量监督检验测试中心抽样检测，我国水稻（稻谷）的重金属、农药残留超标率达20.2%，其中重金属超标率镉为11%、铅4.7%，农药残留超标率甲胺磷为3%、三唑磷为2.6%、乐果为0.3%、乙酰甲胺磷和敌敌畏均为0.1%，长江流域的诸省份除湖北外，均为中度或重度污染区。其中安徽、浙江、江西、湖南、四川等省均处于重度污染区。

5. 影响贸易和农产品出口 随着环保、无公害、绿色甚至有机食品因素在国际贸易中日益受到重视，我国农产品出口因农药残留受到了严重影响。农药的长期、大量、不合理使用，影响到农、牧、畜禽、水产品等的出口贸易。

由于我国部分农产品中的农药残留量超出发达国家规定的标准，使得这些产品在出口时发生进口国家退货、销毁、终止合同或停止进口等现象。

由农药残留限量标准引发的贸易纠纷，给我国农产品出口带来了巨大的经济损失。2002 年 5 月，美国食品药品管理局(FDA)宣布中国蜂蜜氯霉素残留检测限为 0.31 微克/千克，并有可能调整到 0.1 微克/千克。受此影响，中国蜂蜜 2002 年对美出口约 7 614吨，比上年下降 52.35%。出口额约 809 万美元，比上年下降 43.56%。

在广东，2002 年被退运的农产品达 202 万美元，比上年增长 87.6%，主要被退货的品种有蔬菜、水果、食品罐头等，原因都是国外技术壁垒所赐。又如欧盟不断实行新的茶叶检测标准，农药残留限量标准指标不断增加，到 2003 年已经增加到 196 项。截止到 2004 年 8 月 27 日，欧盟共出台 26 个欧盟委员会指令涉及茶叶。从 2005 年 8 月 1 日起，欧盟将硫丹在茶叶中的残留限量从 30 毫克/千克调整为 0.01 毫克/千克，这些措施使得我国茶叶的出口雪上加霜。据海关人士介绍，2005 年 1～7 月份广东累计出口茶叶 8 938吨，价值 1 868 万美元，分别比上年同期下降 33.9%和 26%。其中对欧盟出口茶叶 167 吨，与去年同期相比降幅达 88.8%。此外我国出口的水产品中抗生素超标及 2002 年浙江省台州的西兰花出口风波等问题，都对我国农产品的出口产生负面影响。如菠菜毒死蜱限量标准之争。

2002 年初，欧盟以从我国出口的冻虾仁中检测出氯霉素为由，欧洲一些公司对浙江舟山出口的冻虾仁退货并索赔，同时宣布暂停进口我国所有动物源性食品等。这不仅给我国带来极大的经济损失，影响我国农产品在国际中的地位及我国对外贸易的发展。

严格农药使用管理，积极研制和开发高效、低毒、低残留农药(如生物农药)。密切关注、研究国外有关农药的法规。欧盟于 2005 年起正式禁止 320 种农药的销售，其中涉及我国正在生产、使用以及出口的农药达 60 多种，这一决定直接影响我国农药生产和出口企业及在生产过程中使用了这些禁药的农产品的出口，对此有关部门应给予足够的重视。

因农药问题，我国出口农产品仅 1998 年就因此被退货达 74 亿美元。作为化学农药使用量居世界第一的国家，我国对化学农药的控制已经到了非常紧迫的时候

我国是一个农业大国，农药使用品种多、用量大，其中 70%～80%的农药直接渗透到环境中，对土壤、地表水、地下水和农产品造成污染，并进一步进入生物链，对所有环境生物和人类健康都具有严重的、长期的和潜在的危害性。

三、世界和我国农药企业、农药生产和销售情况

(一)世界农药行业情况

由于剂型、界定范围和计量标准的不同，世界农药产量很难有一个统一说法。但为了防治植物有害生物，估计全球每年有 600 万吨左右的化学农药被喷洒到自然环境中，以销售额计量世界农药市场情况较为普遍。

1. 世界农药销售情况 2008 年全球农药销量同比虽然减少，但市场价值增加，达到 404.75 亿美元。而据美国市场研究公司 SBI(纽约)报道，2008 年全球农药市场强劲增长，农用和非农用农药销售额预计达 520 亿美元，比上年增长 29%。在全球农药总销售额里，传统的非专利农药(专利已经过期)占到 70%～75%。

欧洲仍为全球第一大农药市场，其销售额为 128.30 亿美元，占全球农药市场的 31.7%。其次分别为亚洲，占全球 23.1%；拉丁美洲占全球 20.8%；北美占全球 20.6%；非洲占全球 3.8%，其中，拉美市场反超北美。除草剂仍为全球最大的产品类型，占全球农药销售额的 46.9%，其他依次为杀菌剂 25.9%、杀虫剂 24.1% 及其他 3.1%。

全球金融危机对2009年的农药销售将产生短期影响，市场预计回调7%，约为490亿美元。但是，预计2010年市场销售将再次复苏，年增长将达10%。此后，仍将以较高的一位数增长并延续至2013年。2013年的增长速度将达16%。

美国农药市场状况与全球市场同步，2008年增幅预计为25%，达到210亿美元。2009年将回调13%，约为180亿美元。预计2010～2012年的年增长率在7%～8%；2013年增长11%，增加至250亿美元。

巴西2008年的农药市场价值大概在69亿～70亿美元，而美国的农药市场价值在67亿美元左右。巴西首次超过美国成为全球第一大农药销售国。

2. 世界主要农药公司 全世界主要农药公司多集中在欧洲、北美地区和日本，它们的生产量和销售额均占世界很大比重。近年东南亚和拉美地区农药公司也逐步崛起，生产和销售额所占比例均有较大提高，尤其是我国提高速度快，幅度大，表4-4列出的是2004年各大洲农药销售情况和所占比例。

表4-4 2004年世界各地区农药销售额及所占比例

地 区	销售额(亿美元)	所占比例(%)
北 美	75.67	24.63
欧 洲	90.15	29.34
东南亚	75.60	24.61
拉 美	54.75	17.82
中东/非洲	11.08	3.61
合 计	307.25	100

3. 不同农药比例 除草剂、杀虫剂和杀菌剂3大农药品种的应用比例可显示一个国家农业的发展程度。在国外一些发达国家，3大农药的比例与国内有很大差别。近年来，国外主要以除草

剂为主，杀虫剂与杀菌剂市场占有量基本相当。从20世纪80年代除草剂上升为第一大农药以来，逐年稳步上升，每年以近2.28％的速度增长。进入21世纪后，所占农药比例接近50％，杀虫剂逐步减少，杀菌剂缓慢增加，近年两者市场所占比例相当，其他类型农药所占比例基本保持3％～6％（表4-5）。2004年世界农药销售额中除草剂占主要的，杀虫剂和杀菌剂相当，农业生物占有一定比例（表4-6）。从除草剂市场所占比例，可以看出一个国家在农业上的先进程度，比例差异主要是由农业劳动力的转移和农业耕作技术决定的。

表4-5　1980～2005年农药在世界及中国市场比例　（％）

年份		除草剂	杀虫剂	杀菌剂	其他
1980		41	35	19	5
1990		44	29	21	6
2000		48	28	20	4
2005	世界	48	25	24	3
	中国	24	46	26	4

表4-6　2004年世界各类农药的销售情况

类别	销售额（亿美元）	所占比例（％）
除草剂	146.60	47.71
杀虫剂	76.90	25.03
杀菌剂	73.30	23.86
农业生物	47.00	15.30
其他	10.45	3.40
合计	354.25	100.0

4. 不同国家和作物消耗农药量　从国家看，消耗农药最多的

前6位的国家是美国、巴西、日本、法国、德国和中国。而增长最快的是中国、印度、波兰、匈牙利和俄罗斯，年均增长幅度在3.8%～4.4%（表4-7）。

表4-7　世界20个主要国家的农药市场销售情况　（亿美元）

排名	国　家	2000年销售额	2003年销售额	2004年销售额	预计2009年销售额	2009/2004年均增长(%)
1	美　国	78.35	64.25	63.87	62.01	-0.6
2	巴　西	28.89	22.99	36.32	41.50	2.7
3	日　本	33.65	27.91	30.93	28.65	-1.5
4	法　国	18.15	19.71	23.62	24.20	0.5
5	德　国	9.54	11.58	14.40	14.95	0.8
6	中　国	11.70	11.37	12.24	15.20	4.4
7	意大利	6.62	7.68	8.57	8.60	0.1
8	加拿大	8.69	7.67	8.50	8.75	0.6
9	澳大利亚	5.63	6.46	7.90	8.30	1.0
10	西班牙	5.39	6.90	7.70	7.85	0.4
11	阿根廷	6.77	6.14	7.66	8.25	1.5
12	英　国	5.88	5.66	7.27	7.50	0.6
13	印　度	4.85	5.54	6.50	7.90	4.0
14	韩　国	6.16	4.86	4.96	4.25	-3.0
15	波　兰	—	2.90	3.46	4.20	4.0
16	墨西哥	3.97	3.23	3.30	3.60	1.8
17	哥伦比亚	3.07	2.67	3.12	3.20	0.5
18	俄罗斯	2.65	1.91	2.66	3.20	3.8
19	荷　兰	2.59	2.40	2.63	2.50	-1.0
20	匈牙利	—	1.95	2.42	2.95	4.0
总　计		—	267.10	307.25	320.00	0.8

从作物来看，2000～2004 年消耗农药量排在前 6 位的作物是果树-蔬菜类、谷物类、玉米、大豆、水稻和棉花（表 4-8）。

表 4-8　世界各类作物农药市场份额

作　物	2000		2003		2004		2004/2003 增减率（%）
	销售额（亿元）	所占比例（%）	销售额（亿元）	所占比例（%）	销售额（亿元）	所占比例（%）	
果树—蔬菜	69.27	24.80	72.65	27.20	82.96	27.00	14.19
谷　物	37.34	13.40	39.53	14.84	49.77	16.20	25.90
玉　米	27.72	9.6	28.58	10.70	33.28	10.80	16.10
大　豆	24.89	8.90	22.99	8.6	31.34	10.20	36.44
水　稻	26.60	9.5	23.50	8.8	27.96	9.1	18.98
棉　花	17.94	6.4	19.76	7.40	24.27	7.90	22.82
油　菜	6.27	2.20	6.41	2.40	7.37	2.40	14.98
甜　菜	6.16	2.20	5.88	2.2	6.76	2.20	14.97
甘　蔗	4.09	1.15	4.27	1.60	4.91	1.60	14.99
向日葵（烟草）	2.47	0.90	2.67	1.00	2.77	0.90	3.75
其　他	55.53	19.95	40.87	15.30	35.95	11.70	-12.04
总　计	278.30	100.00	277.11	307.20	307.24	100.00	15.04

（二）我国农药工业总体状况

总的来说，我国农药工业是由无到有、由小到大、由弱到强。目前我国农药总产量居世界第一位，但产值世界排位较低。

1. 我国农药生产情况　根据国家统计局数字，2001 年我国农药使用量为 25 万～30 万吨（有效成分或折百，下同），居世界第一。出口量约 28 万吨（2000 年制剂量），国内农药有余或积压。2003 年我国农药年产量 30 万～40 万吨，制剂量 80 万～100 万吨，仅次于美国居世界第二位。2005 年我国农药原药产量首次突破百万吨大关，达到 104 万吨，超过美国成为世界第一农药生产大国。农药使用量从 2001 年的 127.5 万吨（制剂）上升到 2005 年的 146 万吨（制剂）。

2005 年我国农药原药消费量 28.3 万吨，同比增长了 9.1%。其中，杀虫剂消费量增长了 8.9%，除草剂增长了 24.6%，杀菌剂增长 4.0%，农药行业销售额达 624.52 亿元。销售额 5 年来增长了 2.4 倍，年复合增长 19%，尤其是 2004～2005 年增速均在 30% 以上。如果除去部分农药制剂产量计入原药产量的增量，根据校对值，2005 年我国农药实际产量达 68 万吨有效成分，从产量上看已成为全球第一大农药原药生产国。但市场规模却只占全球农药市场销售额的 6%，列世界第五位，表明我国农药附加值低，市场竞争力不强。

2007 年我国共完成农药产量 173.1 万吨（按有效成分计），比 2006 年增长 24.3%。已成为世界第一大农药制造和销售大国，并且已由农药进口大国发展成为农药出口大国。到 2008 年我国的农药产量更达到 190 万吨（折百计），居全世界第一位。其中杀虫剂占 35%～40%，杀菌剂占 15%～20%，除草剂约为 35%左右，图 4-1 为我国近年农药市场、销售情况。

2. 我国农药进出口情况 2005 年我国农药出口量 42.5 万吨（折百计），出口金额 14 亿美元，年增长率分别为 9.5%和 18.1%。2005 年我国农药进口量仅 3.7 万吨，进口金额 1.82 亿元，基本保持平稳。从出口的产品结构上看，杀虫剂、除草剂和杀菌剂的比例分别占数量的 31%、48%和 15%，占金额的 34%、42%和 19%。从进口的产品结构上看，杀虫剂、除草剂和杀菌剂所占比例为数量的 21%、48%和 31%，占金额的 24%、40%和 34%。杀菌剂进口保持较快增长。

2007 年我国农药进口 4.1 万吨，出口 47.7 万吨，价值为 13.5

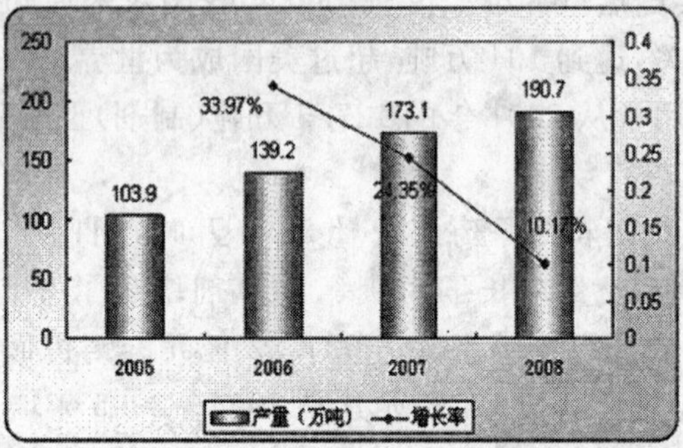

图 4-1　2005～2008 年我国农药产量情况(按有效成分计)

(资料来源:中国产业竞争情报网)

亿美元,比上年增长 29.8%,但平均单价涨幅却只有 8.3%。这反映出我国出口农药的附加值较低,国际竞争力处于劣势。

目前,我国农药出口到 150 多个国家和地区,基本覆盖了全球农药市场,农药出口以原药为主,大约占出口总量的 60%左右,制剂出口所占比重很低。亚洲的发展中国家是我国最大的出口市场,占我国出口总量的 51%,其次为拉丁美洲,占出口总量的 22%,再次是欧洲,占 9%,非洲只占 7.5%。巴基斯坦、泰国、美国、阿根廷和巴拉圭是我国前五大出口市场(图 4-2)。

3. 不同农药产销比例情况　目前,世界现有 500～600 个农药品种,包括 70～80 个销售额在 1 亿美元以上的品种。据不完全统计,目前国内农药生产企业有 2 260 家,生产农药品种有 313 个,但大部分农药品种均为仿制品种,具有自主知识产权的产品仅 13 个,占 4.15%。若以 2005 年 624.5 亿元的全国总销售收入计,企业年均收入不足 3 000 万元。

过去,我国农药产品结构不够合理,其中杀虫剂占 70%,杀虫剂中有机磷农药占 70%,而有机磷农药中高毒品种占 70%,即所谓的“三高”或“三个 70%”现象。三大农药生产和消耗比例也与

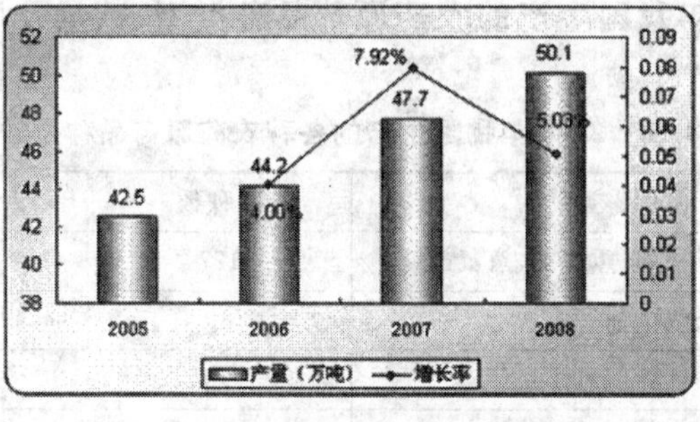

图 4-2　2005～2008 年中国农药出口量情况

（资料来源：中国产业竞争报网）

国际相差较大。目前，这些不利情况已逐步得到改变。

"十五"期间（2001～2005 年），我国实现了高毒有机磷农药的替代和转产目标，农药产品结构有了极大改善。农药产量中，杀虫剂所占比重逐年下降，杀菌剂和除草剂所占比重有所提高。如 2000 年农药产量比例为杀虫剂∶杀菌剂∶除草剂 ＝ 65∶12∶20，到 2005 年这一比例变为 45∶12∶41，其中除草剂产量的 45％以上用于出口。5 种高毒有机磷品种的产量占农药总产量的比重由 2000 年 27％下降至 2005 年的 5％以下。2005 年全国农药工业实现总产值 642 亿元，比 2000 年增加 332 亿元。

2001～2004 年我国杀虫剂、杀菌剂和除草剂有效成分产量及所占份额（表 4-9）。

表 4-9　我国 2001～2004 年农药产量及所占比例

年　份	杀虫剂有效成分万吨（％）	杀菌剂有效成分万吨（％）	除草剂有效成分万吨（％）
2001	42.99(56.63)	6.90(9.57)	15.19(21.07)
2002	45.94(55.00)	7.47(9.09)	20.24(24.63)
2003	47.44(55.00)	7.95(9.20)	21.07(24.40)
2004	42.50(48.90)	9.10(10.50)	23.00(26.40)

2004年我国生产的农药原药品种类型、数量及所占比例见表4-10。

表4-10 2004年我国生产的各种农药原药品种及数量

种　类	品种数	占比例(%)
杀虫剂、杀螨剂、熏蒸剂、杀鼠剂	127	40.6
杀菌剂、杀线虫剂	80	25.6
除草剂	92	29.4
植物生长调节剂	14	4.4
合　计	313	100.0

2004年我国农药生产的品种登记数量及所占比例见表4-11。

表4-11 2004年我国农药制剂品种及分布情况

农药品种	登记数量	占比例(%)	备　注
杀虫剂	6215	52.6	有机磷及高毒品种居多
杀菌剂	2348	19.9	—
除草剂	1654	14.0	—
生长调节剂	380	3.2	—
卫生杀虫剂	1092	9.2	—
其　他	130	1.1	—

2005年世界农药消耗中杀虫剂、杀菌剂、除草剂和其他农药所占比例分别为25%、24%、48%和3%。而我国上述农药消耗所占比例分别为46%,26%、24%和4%。国内和世界在杀菌剂所占比例上基本相当,但杀虫剂和除草剂所占比例却正好相反。虽然在农药品种结构上有较大改进,但与世界发达先进国家相比,仍不太理想。

2007～2008年我国农药产品结构具体分布如表4-12,农药进出口数量及金额见表4-13。

表4-12 2007/2008年中国农药产量 (国家统计局数据)

种类	产量(万吨)*	所占比例(%)
杀虫剂	60.00/65.80	34.70/34.60
杀菌剂	13.70/19.60	7.90/10.30
除草剂	56.20/61.60	32.50/32.40
其他	43.20	24.90
总计	173.10/190.20	100.00

*100%有效成分

表4-13 2007/2008年我国农药进出口情况

种类	出口		进口	
	数量(万吨)	金额(亿美元)	数量(万吨)	金额(亿美元)
杀虫剂	13.86/13.60	4.08/5.10	0.69/0.80	0.53/0.60
杀菌剂	5.24/5.50	1.72/2.40	1.35/1.30	0.80/1.0
除草剂	26.15/27.70	7.17/12.3	1.82/1.90	0.82/1.10
其他	1.26	0.28	0.28	0.16
总计	47.74/48.50	13.25/20.20	4.14/4.40	2.13/3.0

4. 我国农药产业存在的问题 我国农药在剂型的开发与国外相比尚有很大的差距。在美国,原药与制剂之比为1∶36,也就是说1种农药往往有36种制剂,日本为1∶30,而我国仅为1∶5,开发的余地很大。

2005年,我国农药生产企业2 200余家,常年生产250多种原药,但大部分农药品种均为仿制品种。其中原药生产企业近500家,加工(含少量分装)企业1 700多家。

国内登记的农药有效成分品种619个,2000年底登记农药产品为11 819个,目前有15 000～16 000个,多为重复建设产品。我国近2000家农药生产企业中有50%以上集中在江苏、河南、山东、浙江、河北、湖北、四川和广西8个省和自治区。

目前，全国已有26家农药企业在上海、深圳证券交易所上市，其中以农药为主业的上市公司有15家。股份制经济产值比重已经从2000年的55%左右上升到2005年的95%以上，国有经济比重下降至15%左右。东部沿海地区的农药企业经济规模占全国的70%左右，其中江苏、浙江、山东3省农药工业产值占全国的65.7%，江苏1省就占全国的40.6%。

我国农药企业数目与产能的快速增长主要来自于国际市场的需求，很大比例的原药产量用于出口，每年40万～50万吨。但我国农药企业虽多，但小、散、乱的问题仍未根本解决，微利或亏损企业较多(图4-3)。

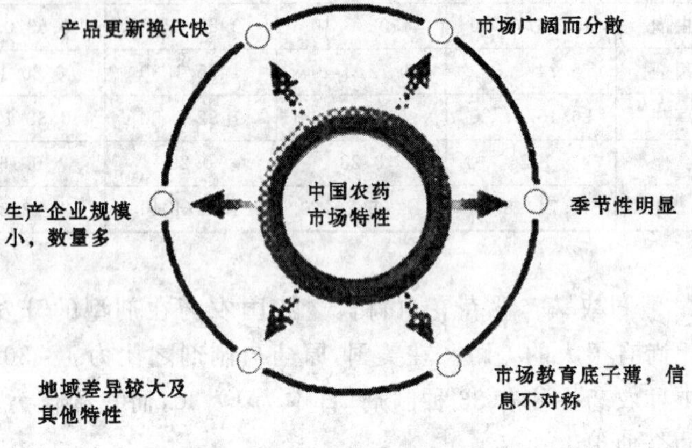

图4-3　我国农药市场的特性

(资料来源：中国产业竞争情报网)

未来4年，我国农药市场需求量有望以年均7%～9%的速度增长，到2009年国际销售额可达27亿美元。我国农药在全球市场的份额有望以年均0.7%的速度增长，将从2004年的5.8%增长到2009年的8%。目前，我国是继美国、法国、日本和巴西之后的世界第五大农药市场，10年后我国有望排在全球农药市场的第三或第四位。

5. 我国主要的农药企业　目前，我国农药市场企业虽有2 200多家，但大多为规模较小的公司，大型公司不多。农药企业在全国分布不均，大多集中在长江流域、华东及华南。目前以农药为营业的上市公司有8家，表4-14列出的是2007年我国农药销售额最多的20家农药公司。

表4-14　2007年我国农药企业排名及销售额

排　名	公司名称	销售额(亿元RMB)
1	红太阳集团有限公司	34.84
2	江苏苏化集团有限公司	25.11
3	浙江新安化工集团股份有限公司	23.88
4	江苏扬农化工集团有限公司	22.69
5	南通江山农药化工股份有限公司	21.09
6	沙隆达集团公司	18.59
7	山东侨昌化学有限公司	10.87
8	常州康美化工有限公司	9.05
9	江苏常隆化工有限公司	8.01
10	山东华阳农药化工集团有限公司	7.54
11	山东大成农药有限公司	6.21
12	江苏克胜集团股份有限公司	5.52
13	河北凯迪农药化工企业集团	5.07
14	河北威远集团有限公司	5.05
15	湖南海利化工股份有限公司	4.90
16	江苏丰山集团有限公司	4.28
17	先正达(南通)作物保护有限公司	4.16

续表 4-14

排　名	公司名称	销售额(亿元 RMB)
18	杭州金帆达化工有限公司	4.00
19	杭州庆丰农化有限公司	3.89
20	拜耳(杭州)作物科学有限公司	3.75

四、农药混配

水稻主要病虫害"傻瓜式"防控技术能否达到省工、省力、省本的目的,很重要的一项内容就是农药的合理混配使用。在科技下乡时,常有农技员和农民朋友问到一些农药混配使用的问题。此处的农药混配使用主要指 2 种或 2 种以上药剂现场"即配即用",不包括商品化的混配农药产品。农药合理混配使用可以提高工效,扩大使用范围,还可达到一次施药兼治几种病虫草害、减少用药次数和用量、降低成本、提高药效、减缓病原菌、害虫对药剂产生抗性等。表 4-15 列出了防治水稻(稻田)主要病虫草害常用的药剂。

表 4-15　水稻主要病虫草害常用药剂

病　害	杀菌剂	害　虫	杀虫剂	杂　草	除草剂
稻瘟病	三环唑、春雷霉素、富士 1 号、稻瘟灵、加收热必	螟虫(二化螟、三化螟、大螟)	杀虫单、杀虫双、螟施净、阿维·唑磷、Bt 乳油、沪农、氯虫苯甲酰胺	禾本科杂草	果尔、朴草净、扫茀特、丁草胺、禾大壮、千金、优克稗
纹枯病	井冈霉素、纹曲清、爱苗			莎草科杂草	2 甲 4 氯、丁草胺、杀草丹、苄嘧磺隆、太阳星、金秋、苯达松

续表 4-15

病害	杀菌剂	害虫	杀虫剂	杂草	除草剂
稻曲病	纹曲清、爱苗、三唑酮、瘟曲克星、纹曲宁、嘉润、DT、好力克	稻纵卷叶螟	毒死蜱、捷鹰、乙酰甲胺磷、阿维菌素、丙溴磷、氯虫苯甲酰胺		
细菌性病害	菌毒清、叶枯净、龙克菌、叶青双、农用链霉素	稻飞虱(褐稻虱、白背飞虱、灰飞虱)	噻嗪酮(扑虱灵)、蚜虱净、优乐得、毒死蜱、吡蚜酮。(包括防治条纹叶枯病、黑条矮缩病)	阔叶杂草	2甲4氯、果尔、扫茀特、苄嘧磺隆、太阳星、金秋、苯达松

防治水稻主要病、虫、草害的主要农药有效成分基本上是上述一些品种。目前,市场上出现大量的新品种、新名称,其有效成分多是上述药剂的有效成分,有些是混配剂,有些只是添加了一些助剂,或改变剂型取一个新名称。如防治稻纵卷叶螟的药剂有效成分相同的可能就有几十种,防治螟虫、稻飞虱的也一样。在应用时主要要注意有效成分。

(一)农药混配使用的优点

农药合理混配使用,可以提高工效、扩大使用范围,兼治几种病虫,减少用药量,降低成本,提高药效,降低毒性,减少病虫对药剂抗性等许多优点,是农药单独使用无法比拟的,其中最主要的好处有以下几点。

1. 一喷多防 杀虫剂、杀菌剂、除草剂混配使用,可以一次施药防除多种病、虫、杂草。

2. 提高防效 农药混配使用可产生增效作用，提高药剂对病、虫、杂草的防治效果。

3. 增效节本 混用农药可以取长补短，发挥各种药剂的长处，提高防效、降低成本。

4. 多省高效 农药混配使用可达到“一喷多防”的省工、省力、高效的目的。

(二)农药混用的原则

农药混配使用要有目标，什么病虫害是主要防控对象，什么是次要防控对象，什么是兼治对象。混配使用需要达到什么目的都需要明确。

1. 要有明确的防治目标和要求 农药混配防治目标要明确，进行对路的农药混配。如要防治同期发生的病虫害，需选择杀菌害剂和杀虫剂混配；如要降低成本，需减少价格昂贵的农药，增加低廉农药；如要提高防治效果，可选用速效和长效农药混配。

2. 要避免农药间的负面反应 农药混配不应产生物理、化学、生物上的干扰反应。凡是混配后出现分离、沉淀、结絮、变性、灭活等不正常现象，都属于禁止混用范围。一般的，碱性农药和酸性农药莫混；含铜元素农药和含锌元素农药莫混。在农药混配前，可先进行少量混配试验，若无变化反应，再进行大量混配。

3. 混配后要有增效、兼治功效 农药混配后的最低要求就是要增效、兼治。如果混配后药剂间相克减效(拮抗作用)，或低于单用防效，或无兼治作用，混配也就没什么意义了。

4. 混配要选用高效、低毒、低残留、短残效的农药 严禁以追求防效和其他目的而将禁用的剧毒农药、限用的高毒、高残留和高残效农药乱混用。如果混用上述农药，会产生危害人、畜、下茬作物、环境安全等严重后果。

5. 混配农药种类不宜超过 3 种 混配农药种类越多，风险越大。一般情况下，混配农药不宜超过3种，混配农药的毒性都较单一农药增强。多混后一旦发生药害，很难解救；长期施用后易使病虫害产生多种抗性；太多种农药混用还会造成农药的浪费和残留超标等问题。

6. 可混配和不可混配的农药　表4-16中，第一组和第二组中的任何一种农药都可混用。

表4-16　可互相混用的农药

第一组	第二组
西维因、混灭因、速灭威	杀螟松、马拉松、三氯杀螨醇、三氯杀螨砜、敌敌畏、乐果、西维因、混灭因、速灭威、辛硫磷、双甲脒、克螨特
速灭杀丁、溴氰菊酯	乐果、氧化乐果、双甲脒、克螨特、三氯杀螨醇、三氯杀螨砜
敌百虫、敌敌畏、乐果、杀螟松	代森锰锌、多菌灵、硫菌灵、甲基硫菌灵
马拉松、辛硫磷、西维因、混灭威、速灭威、三氯杀螨醇、三氯杀螨砜、双甲脒	硫菌灵、敌克松、退菌特

表4-17中，第一组中的任何一种农药都不可和第二组中的任何一种混用。

表4-17　不可互相混用的农药

第一组	第二组
石硫合剂、波尔多液	敌敌畏，乐果，亚胺硫磷、杀螟松、三氯杀螨醇、三氯杀螨砜、辛硫磷、西维因、速灭威、溴氰菊酯、氯氰菊酯、二氯苯醚菊酯、氟氯氰菊酯、敌百虫、二嗪农

7. 要严格保证农产品采收后的食用安全　目前，对混配农药尚无特殊规定，要严格把握混配农药在农作物上的最多施用次数、收获时的安全间隔天数等。

8. 农药混用要谨记五避免

①遇碱性物质分解、失效的农药，不能与碱性农药、肥料或碱性物质混用，一旦混用就会使这类农药很快分解失效。碱性肥料如氨水、石灰氮、草木灰等不能与敌百虫、硫菌灵、井冈霉素、多菌灵、菊酯类杀虫剂等农药混用，否则会降低药效。

②混合后会产生化学反应，以致引起植物药害的农药或肥料，不能相互混用。碱性农药石硫合剂、波尔多液、松脂合剂等不能与碳酸氢铵、硫酸铵、硝酸铵、氯化铵等铵态氮肥和过磷酸钙等化肥混用，否则会使氨挥发，降低肥效。

③混合后出现乳剂破坏现象的农药剂型或肥料，不能相互混用。含砷的农药如砷酸钙、砷酸铝等不能与钾盐、钠盐类化肥混用，否则会产生可溶性砷而发生药害。

④混合后产生絮结或大量沉淀的农药剂型，不能相互混用。

⑤化学肥料、杀菌剂等不能与微生物农药混用。因为化学肥料挥发性、腐蚀性都很强，若与微生物农药如杀螟杆菌、青虫菌等混用，则易杀死微生物，降低防治效果。

五、国内外禁用和限用的农药

目前，无论是国内还是国外，一些化学农药对人类存在着“三致”（即致癌、致畸、致突变）的问题及对生态环境的污染问题，尤其是对地下水的污染，已经影响到人类的生存和健康。因此，世界各国分别对一些剧毒、高毒农药制定了禁用和限用政策。

农药被禁用和限用的原因，这里所说的“农药禁用”，更确切地讲是“农药撤销”，因为农药登记被撤销而被禁用了。撤销登记的原因主要有 2 个方面：一方面是一些农药不符合某地区或国家的安全标准，如农药有效成分本身有慢性毒性问题，或农药有效成分本身或其代谢物对环境造成不利影响等。另一方面是一些农药的生产商没有提交要求进行审查和重新登记的通知书，也没有提交所要求的检验报告等资料而被撤销登记。而且后者是相当大一部分农药被撤销的原因。有些农药公司出于考虑重新登记的高昂费用与农药市场前景，以及利益关系而放弃了这些农药。

(一)我国禁用和限用农药概况

国家经贸委和农业部制定出逐步封杀5种剧毒、高毒农药的时间表，2004年1月1日，我国开始撤销甲胺磷、久效磷、甲基对硫磷、对硫磷、磷胺5种高毒农药生产、销售、使用的有关证书。2007年1月1日，我国全面禁止这5种剧毒、高毒农药的使用。

按照既定计划，国家经贸委将高毒、剧毒农药产品的禁用时间分为3个阶段。第一阶段为2004年1月1日至2004年12月31日。此阶段开始撤销5种高毒农药产品生产、销售、使用的有关证书，并开始部分禁用，使5种高毒农药的使用比例下降15%；第二阶段为2005年1月1日至2006年12月31日。此阶段严格禁止5种高毒农药原药生产企业外的其他企业生产或加工此类产品，并将高毒农药的使用范围局限于棉花、小麦、玉米、水稻4种作物；第三阶段自2007年1月1日起，全面禁止上述5种高毒农药的使用。目前，我国5种高毒农药的总产量约为10万吨/年，占农药总量的20%～25%，其产值则占总产值的15%左右，约为3亿元人民币。这3亿元产值减少的损失主要由高毒农药原药生产企业来承担。高毒农药品种禁用时间表的颁布，标志着我国农药产品结构调整计划全面启动。

1. 国家明令禁止使用的农药品种(18种) 六六六(HCH)、滴滴涕(DDT)、毒杀芬(camphechlor)、艾氏剂(aldrin)、狄氏剂(dieldrin)、二溴氯丙烷(dibromochloropane)、杀虫脒(chlordimeform)、二溴乙烷(EDB)、除草醚(nitrofen)、敌枯双、氟乙酰胺(fluoroacetamide)、汞制剂(Mercurycompounds)、砷(arsena)类、铅（acetate)类、甘氟（gliftor)、毒鼠强（tetramine)、氟乙酸钠（sodiumfluoroacetate)、毒鼠硅（silatrane)。

2. 在蔬菜、果树、茶叶、中草药材上不得使用和限制使用的农药品种(19 种) 甲胺磷(methamidophos)、甲基对硫磷（parathion-methyl)、对硫磷(parathion)、久效磷（monocrotophos)、磷胺(phosphamidon)、甲拌磷（phorate)、甲基异柳磷（isofenphos-methyl)、特丁硫磷(terbufos)、甲基硫环磷(phosfolan-methyl)、治螟磷(sulfotep)、内吸磷（demeton)、克百威（carbofuran)、涕灭威(aldicarb)、灭线磷（ethoprophos)、硫环磷（phosfolan)、蝇毒磷(coumaphos)、地虫硫磷（fonofos)、氯唑磷（isazofos)、苯线磷(fenamiphos)等19种高毒农药不得用于蔬菜、果树、茶叶、中草药材上。三氯杀螨醇（dicofol),氰戊菊酯（fenvalerate）不得用于茶树上。任何农药产品都不得超出农药登记批准的使用范围。

3. 禁止在烟草上使用的农药品种(58 种) 中国烟叶购销公司通报了禁止在我国烟草上使用的农药品种,具体如下:艾氏剂、狄氏剂、异狄氏剂、六六六、林丹、2,3,4,5-双（2-丁烯）四氢-2-呋喃醛（忌避剂)、溴苯腈丁酯、含镉化合物、敌菌丹、四氯化碳、四氯对醌、杀虫脒、毒杀酚、滴滴涕、2,4,5 涕丙酸、滴滴滴（TDE)、2,4,5-涕、二硝丁酚（地乐酚）及其盐类、桃小灵、苯硫磷、溴苯磷、速灭磷、内吸磷、久效磷、八甲磷、甲胺磷、对硫磷、甲基对硫磷、磷胺、乙基已稀乙二醇、六氯苯、氯丹、七氯、氯乙烯、五氯酚、灭蚁灵、除草醚、2,4,5-涕苯酯钾盐、Pyrinuron（Vacor)、黄樟素（safrole)、聚氯化茚（氧化松节油)、硫酸亚铊、克百威（呋喃丹)、比久（daminozide)、汞化合物、赛力散（PMA)、砷化合物、氰化合物、乐杀螨、二氯乙烷、环氧乙烷、除草定、氯化苦、氟乙酰胺（敌蚜胺)、草枯醚、2,4-D 丁酯、乙草胺、三氯杀螨砜。上述禁用农药或是毒性大,易使人畜中毒,或是残留期长,不易分解,易在烟叶或土壤中残留,对吸烟者身体危害较大,并造成环境污染。

4. 两个被禁用的优秀杀虫剂及禁用原因

（1）菊酯类农药　菊酯类农药本是一种广谱性杀虫剂，具有速效、高效、低毒、低残留，对作物安全等特点，除对 140 多种害虫防治有特效外，有些菊酯类农药还对地下害虫和螨类害虫有较好的防治效果。但菊酯类农药也存在以下不可容忍的缺点：① 菊酯类农药在常规剂量下不能有效杀死稻飞虱，或者只能杀死部分或大部分稻飞虱，而且药效期短，不能持续保持对稻飞虱的控制作用。② 菊酯类农药能刺激稻飞虱的繁殖力，增加产卵量和孵化率，使得用药区的稻飞虱种群数量超过非用药区，引起稻飞虱的再猖獗。③ 菊酯类农药还能大量杀死稻田蜘蛛和黑肩绿盲蝽等稻飞虱的主要天敌，稻田用菊酯类农药后在缺乏天敌控制的情况下，稻纵卷叶螟和飞虱等害虫的种群数量会报复性反弹，而且容易产生抗药性。

因此，农业部早在 1985 年就发文明确指出，除虫菊酯类农药“在水稻上不宜传推广使用”。1997 年 5 月农业部再次发文重申“稻田禁止使用菊酯类农药”。

（2）氟虫腈（锐劲特）　我国农业部办公厅文件要求自 2009 年 7 月 1 日起，除卫生用、部分旱地种子包衣剂外，在我国境内停止销售和使用用于其他方面的含氟虫腈成分的农药制剂。

自从甲胺磷等 5 种高毒农药禁用之后，氟虫腈已成为全国主要水稻产区防治稻纵卷叶螟、二化螟、三化螟等重大虫害的当家品种之一。在湖南、湖北、江西、安徽、浙江、江苏等省，每年的销量超过 1 000 吨，每吨以 10 万元计，销售额就达到 1 亿多元。但是氟虫晴也存在以下不良影响：① 氟虫腈对蜜蜂和水生生物毒性很大，对环境不友好；② 2008 年很多地方出现害虫对氟虫腈的抗性，氟虫腈对几种害虫的防治效果确实没有以前那样优秀了；③ 另一原因可能是一些效果相当、而又无氟虫腈上述缺陷的新型药剂，如杜邦的氯虫苯甲酰胺、拜尔的乙虫氰、日本与康宽类似的杀虫剂氟虫苯甲酰胺、大连瑞泽农药股份有限公司在氟虫腈基础上开发的新化合物,通用名为丁烯氟虫腈等的即将出品。

氟虫腈的禁用使德国拜耳公司面临巨大挑战,也给国内做了大量前期准备工作,准备生产该产品的公司(厂家)造成重大的人力、财力和物力的损失。

(二)国际上禁用和限用农药概况

1. 全球禁止或限制使用的12种有毒化学品 根据签署的一项联合国公约,12种有毒化学物将在世界各地被法律禁止或限制使用。这项公约将禁止、逐步停止或大幅度减少一系列有害工业化学品和杀虫剂的使用,而这些化学物质已经在土壤和水中残存了几十年。这12种有毒化学品包括8种杀虫剂(艾氏剂、氯丹、滴滴涕、狄氏剂、异狄氏剂、七氯、灭蚊灵和毒杀芬)、2种工业化合物(多氯化联苯和六氯苯)以及2种由燃烧和工业加工带来的副产品。这些有毒化学物质不仅难于进行生物降解,而且流动性很强,能够通过自然循环散布到世界各地。这些污染物能够沿食物链传播,在动物体内富含脂肪的组织上积聚,并被怀疑会引起过敏、先天缺陷、癌症、免疫系统和生殖器官受损等。这项公约立即禁止使用12种污染物中的大部分。但由于健康原因,滴滴涕获准成为例外。在贫穷的热带国家,人们仍然需要用这种化学物质来对付传播疟疾病的蚊子。联合国环境规划署发言人迈克尔·威廉斯表示:"这是一项具有历史意义的成就,它使我们有机会清除人类制造的某些毒性最强的物质"。

欧、美、日本、加拿大和澳大利亚等西方发达国家,在农药禁用、限用范围,以及对农、林、牧、副、渔及食品的检测、设限标准较高。它们的这些标准对发展中国家,包括我国的农产品出口影响很大。虽然发展中国家与发达国家之间存在差距,但从长远发展、环境保护、食品安全和人民健康考虑,应逐步向高标准靠拢。

2. 欧盟、日本禁用、限用的一些农药　欧洲共同体委员会(欧盟)于 2002 年 11 月 20 日发布了欧盟第 2076/2002 号法规[Commission regulation (EC) NO 2076/2002],该法规共有 4 条,列出的应于 2003 年 7 月 25 日前停止使用的农药补充名单中,涉及 300 多种植物保护产品。至 2008 年 6 月止,欧盟禁用的农药有效成分有 320 种,其中杀虫剂 115 个、杀菌剂 55 个、除草剂 103 个、植物生长调节剂 22 个、杀线虫剂 5 个。至今欧盟已禁用约 450 个农药有效成分。在这些禁用产品中,有一部分我国没有生产、进口和使用,有一部分已经在生产中淘汰。但其中仍有 63 种(其中杀虫杀螨剂 31 种,杀菌剂 8 种,除草剂 20 种,植物生长调节剂 3 种,杀螺剂 1 种)产品是目前我国正在生产、销售和使用的品种。在此有必要列举出来(表 4-18),供大家参考。特别是涉及出口的农、林、牧、副、渔、食品加工等的企业、公司应引起特别关注。

表 4-18　欧美禁用但涉及我国生产、使用的农药

中文通用名		英文通用名	其他商品名
杀虫剂	杀螟丹	Cartap	哌丹、麦丹、padan
	乙硫磷	Diethion	益赛昂、蚜螨立死
	苏云金杆菌 δ-内毒素	Delta-endotoxin of baicillus thuring-iensis	
	氧乐果	Omethoate	氧化乐果
	三唑磷	Triazophos	三唑硫磷、特力克
	喹硫磷	q-uinalphe	爱卡士
	甲氰菊酯	Fenpropathrin	芬普宁、灭虫螨、杀螨菊酯
	溴螨酯	Bromopropylate	螨代治、溴螨特、新灵
	氯唑磷	isazofon	米乐尔、异唑磷、异丙三唑磷
	定虫隆	Chlorflraxuron	抑太保、氟啶脲、定虫脲
	嘧啶磷	primiphos-ethyl	安定磷、PP211

续表 4-18

中文通用名		英文通用名	其他商品名
杀虫剂	久效磷	Monocrotophos	纽瓦克、铃杀
	丙溴磷	prorenofos	多虫磷、多虫清
	甲拌磷	Phorate	3911、福瑞松、赛美特
	特丁硫磷	Terbufos	叔丁硫磷、抗得安、抗虫得
	治螟磷	Sulfotep	苏化 203、硫特普
	磷胺	Phkosphamidon	大灭虫、迪莫克
	双硫磷	Temephos	
	胺菊酯	Tetramethrin	四甲菊酯、拟早菊、诺必那命
	稻丰散	Phenthoate	爱乐散
	残杀威	Propoxur	残虫畏、拜高、安丹
	地虫硫磷	Fonofos	大风雷、地虫隆
	双胍辛胺	Iminoctatine	百可得、培福朗、哌克定
	丙烯菊酯	Allehrin	烯丙菊酯、毕那命
	四溴菊酯	Tralomethrin	四溴氟菊酯、刹克、凯撒
	氟氰戊菊酯	Flucythrinate	氟氰菊酯、保好鸿、护赛宁
	丁醚脲	Diafenthiuron	宝路、polo、杀螨脲
	三氯杀螨砜	Tetradifon	涕滴恩、天地红、退特完
	杀虫环	Thiocyclam	易卫杀、虫噻烷
	苯螨特	Bengosimate	杀螨特、西斗星
杀菌剂	硫菌灵	Thiophanate	托布津
	稻瘟灵	Isoprothiolane	富士一号
	敌菌灵	Anilazine	防霉灵、代灵
	有效霉素	Validamycin	高效霉素
	甲基胂酸	Methyl arsenic acid	MAA
	恶霜灵	Oxadixyl	杀毒矾、恶唑烷酮、恶酰胺
	灭锈胺	Mepronil	坦菌宁、纹达克
	敌磺钠	Fenaminosulf	敌克松、地可松、地可爽

续表 4-18

中文通用名		英文通用名	其他商品名
除草剂	苯噻草胺	Mefenacet	环草胺
	异丙甲草胺	Metolachlor	都尔、稻乐思
	扑草净	Prometryne	扑蔓尽、扑灭通、割草佳
	稀禾定	sethoxydim	拿捕净、乙草丁
	丁草胺	Butachlor	去草胺、马歇特、新马歇特、灭草特
	吡氟禾草灵	Fluazifop	稳杀得、氟草除
	吡氟氯草禾灵	Haloxyfop	盖草能(酸)、高效盖草能
	恶唑木草灵	Fenxoaprop	恶唑灵、麦田清、骠马、威霸
	喹禾灵	Quizalofop	禾草克、盖草灵、精禾草克、快伏草
	氟磺胺草醚	Fomesafen	虎威、北极星、豆草畏
	三氯羧草醚	Acifluorfon	杂草焚、杂草净、达克尔、克莠灵
	氯炔草灵	Barban	燕麦灵、巴尔板
	灭草猛	Vernolate	卫农、灭草丹
	哌草丹	Dimepiperate	优克稗、哌啶酯
	野燕枯	Difenzoquat	双苯唑快、燕麦枯
	氰草津	Cyanaaine	百得斯、草净津、赛草斯
	莠灭净	Ametryn	阿灭净
	环嗪酮	Hexaainone	威尔柏、林草净
	已羧氟草醚	Fluoroglycofene	RH-0265
	草除灵	Benazolin	高特克
植物生长调节剂	氟节胺	Flumetralin	抑芽敏
	2、4、5-涕	2、4、5、-T	
	抑芽唑	Triupcnthenol	
杀螺剂	蜗螺杀	trifenmorph	蜗螺净

尚未核实的欧盟禁用农药有以下几种。

(1)杀虫杀螨剂　丙胺磷、亚胺硫磷、乙丙硫磷、丙硫磷、打杀磷、杀扑磷、速灭磷、对硫磷、辛硫磷、二嗪磷、敌敌畏、杀螟硫磷、马拉硫磷、砜吸磷、硫双威、氰戊菊酯、氟氯氰菊酯、氯氟氰菊酯、甲基对硫磷、氯菊酯、乙酰甲胺磷、丙烯菊酯、反丙烯除虫菊、双甲脒、涕灭威、蚜灭多、杀螨隆、氟铃脲。

(2)杀菌剂　甲基硫菌灵、拌棉醇、戊环唑、地可松、五氯酚、石炭酸、苯菌灵、甲霜灵、土霉素、链霉素、五氯硝基苯、十三吗啉、代森锌、毒菌锡、三唑酮。

表 4-19、表 4-20 列出的是日本禁用和在各种食品必须检测的农药品种。

表 4-19　日本在所有食品中均不得检出的农用化学品

序　号	英　文	中　文
1	2.4.5-T	2.4.5-涕
2	AMITROLE	杀草强
3	CAPTAFOL	敌菌丹
4	CARBADOX including QCA	卡巴氧,包括 QCA
5	CHLORAMPHENICOL	氯霉素
6	CHLORPROMAZINE	氯丙嗪
7	COUMAFOS/COUMAPHOS	库马福司/蝇毒磷
8	CYHEXATIN、AZOCYCLOTIN	己锡、三唑锡
9	DAMINOZIDE	丁酰肼
10	DIETHYLSTILBESTROL	己烯雌酚
11	DIMETRIDAZOLE	地美硝唑
12	METRONIDAZOLE	甲硝唑
13	NITROFURANS	呋喃类抗生素

续表 4-19

序　号	英　文	中　文
14	PROPHAM	苯胺灵
15	RONIDAZOLE	洛硝达唑

表 4-20　日本需例行检查 50 个农药品种

序　号	英　文	中　文
1	EPN	苯硫磷
2	AZINPHOS-METHYL	甲基谷硫磷
3	AZOXYSTROBIN	嘧菌酯
4	ALACHROL	甲草胺
5	ISOPROTHIOLANE	稻瘟灵
6	IPROBENFOS	异稻瘟灵
7	INDOXACARB	茚虫威
8	ETHION	乙硫磷
9	ETHOPROPHOS	灭线磷
10	ENDOSULFAN	硫丹
11	QUINALPHOS	喹恶磷
12	QUINTOZENE	五氯硝基苯
13	KRESOXIM-METHYL	醚菌酯
14	CHLORPYRIFOS	毒死蜱
15	CHLORPYRIFOS-METHYL	甲基毒死蜱
16	CHLORFENAPYR	溴虫腈
17	CYHALOTHRIN	三氟氯氰菊酯
18	CYFLUTHRIN	氟氯氰菊酯
19	CYPRODINIL	嘧菌环胺
20	CYPERMETHRIN	氯氰菊酯

续表 4-20

序号	英文	中文
21	DIMETHOATE	乐果
22	DIAZINON	二嗪农
23	TETRACONAZOLE	四氟醚唑
24	TETRADIFON	四氯杀螨砜
25	TEBUFENPYRAD	吡螨胺
26	DELTAMETHRIN-TRALOMETHRIN	溴氰菊酯以及四溴菊酯
27	TRIAZOPHOS	三唑磷
28	PARATHION	对硫磷
29	PARATHION-METHYL	甲基对硫磷
30	BIFENTHRIN	毕芬宁
31	PIRIMIFOS-METHYL	虫螨磷
32	PYRIMETHANIL	乙胺嘧啶
33	FENITROTHION	杀螟松
34	FENTHION	倍硫磷
35	PHENTHOATE	稻丰散
36	FENVALERATE	氰戊菊酯
37	FENPROPATHRIN	甲氰菊酯
38	FLUCYTHRINATE	氟戊菊酯
39	FLUSILAZOLE	氟硅唑
40	FLUVALINATE	氟胺氰菊酯
41	PROCYMIDONE	腐霉利
42	PROTHIOFOS	丙硫磷
43	PROPICONAZOLE	丙环唑
44	PROFENOFOS	丙溴磷

续表 4-20

序　号	英　文	中　文
45	PERMETHRIN	苄氯菊酯
46	PHORATE	甲拌磷
47	MALATHION	马拉硫磷
48	MYCLOBUTANIL	腈菌唑
49	METHAMIDOPHOS	甲胺磷
50	METHIDATHION	杀扑磷

今后，在我国必须严格控制的农药品种有：巴丹、氧乐果、三唑磷、喹硫磷、氟啶脲、嘧啶磷、久效磷、甲拌磷、丙溴磷、治螟磷、磷胺、甲基硫菌灵、稻瘟灵、都尔、拿捕净、丁草胺、盖草能、威霸、禾草克、虎威、优克稗等。

(三)禁用农药替代品

从被禁用的农药清单来看，国家明令禁止使用的 18 种农药品种主要是一些研发、使用年代较久的老产品，现在基本没有生产、市场上没有销售、几乎没有使用的产品，对生产不会有什么影响。

在蔬菜、果树、茶叶、中草药材上不得使用和限制使用的农药品种中，包括了 5 种剧毒、高毒农药甲胺磷、久效磷、甲基对硫磷、对硫磷、磷胺。由于这些农药禁用已经 2 年多，生产、销售逐渐减少，影响越来越小。但不可否认，一些地方还在偷偷地生产和销售上述禁用农药品种，对生产、生活和环境造成一定的影响。

对病虫害，特别是害虫防治影响较大的是菊酯类和氟虫腈(锐劲特)2 个杀虫剂的禁用。因为，这 2 个品种原来都是以高效、低毒、广谱的优秀杀虫剂来进行宣传、推广应用的，已是防治害虫的主要农药品种，现在禁止使用确实给生产带来了较大影响。但在水稻害虫防治上，目前还是有较多可供选择的类似农药品种，表

4-21 列出了当前被禁止使用的农药、可用来替代的农药及其主要防治对象。

表 4-21　一些禁用农药的替代药剂

禁用农药	推荐替代的主要中、低毒农药	主要防治对象
甲胺磷 *	三唑磷、杀虫单、杀虫双、毒死蜱、阿维菌素、Bt、吡虫啉、噻嗪酮、二嗪磷、辛硫磷	水稻螟虫、稻飞虱、纵卷叶螟、稻叶蝉、蓟马、玉米螟等
对硫磷(1605) *	毒死蜱、杀虫单、杀虫双、Bt、二嗪磷、吡虫啉、阿维菌素、丙溴磷	水稻螟虫、稻飞虱、纵卷叶螟、象甲、蚜虫等
甲基对硫磷(甲基 1605) *	毒死蜱、杀虫单、杀虫双、Bt、二嗪磷、阿维菌素、丙溴磷	水稻螟虫，稻飞虱、纵卷叶螟、象甲等
久效磷 *	三唑磷、杀虫单、杀虫双、毒死蜱、Bt、吡虫啉、辛硫磷、阿维菌素	水稻螟虫、纵卷叶螟、稻飞虱、蓟马、蚜虫等
甲拌磷(3911)	辛硫磷、米乐尔、丁硫克百威、二嗪磷	地下害虫、根结线虫
甲基异柳磷	辛硫磷、米乐尔、丁硫克百威、二嗪磷	地下害虫、根结线虫
水胺硫磷 *	毒死蜱、杀虫单、杀虫双、阿维菌素、Bt、二嗪磷、吡虫啉	水稻螟虫、稻飞虱、纵卷叶螟等
磷 胺 *	毒死蜱、三唑磷、杀虫单、杀虫双、二嗪磷、吡虫啉、阿维菌素	水稻螟虫、稻飞虱、纵卷叶螟等
氧化乐果	吡虫啉、抗蚜威、噻嗪酮、毒死蜱、哒螨灵、扫螨净	蚜虫、红蜘蛛、蓟马、稻飞虱等
灭线磷	丁硫克百威、米乐尔、二嗪磷	地下害虫、根结线虫
呋喃丹(克百威)	丁硫克百威、辛硫磷、米乐尔、毒死蜱、二嗪磷	地下害虫、根结线虫

续表 4-21

禁用农药	推荐替代的主要中、低毒农药	主要防治对象
灭多威*	吡虫啉、毒死蜱、阿维菌素、Bt、氟啶脲、辛硫磷、溴氰菊酯、二嗪磷	蚜虫、小菜蛾、菜青虫、玉米螟、水稻螟虫等
涕灭威*	吡虫啉、毒死蜱、米乐尔、丁硫克百威	蚜虫、甲虫、椿象、根结线虫
三氯杀螨醇	哒螨灵、克螨特、扫螨净、阿维菌素	螨类
甲基硫环磷	丁硫克百威、辛硫磷、毒死蜱	地下害虫
治螟磷*	三唑磷、毒死蜱、杀虫单、杀虫双	水稻螟虫
内吸磷	吡虫啉、抗蚜威、哒螨灵、扫螨净	蚜虫、螨类
地虫硫磷	丁硫克百威、辛硫磷、米乐尔、毒死蜱、二嗪磷	地下害虫
苯线磷	二氯异丙醚、棉隆、米乐尔	土壤成虫
拌种磷	丁硫克百威、辛硫磷、米乐尔、毒死蜱、二嗪磷	地下害虫

*该禁用农药后面的替代品种中，原来包含氟虫腈(锐劲特)，现在已停止使用。所以，氟虫腈的替代农药也可用该表中的替代农药代替

在蔬菜及其他作物上，一些禁用农药，如甲胺磷、三氯杀螨醇、氧化乐果、甲基对硫磷等的替代品种有：

1. 甲胺磷　一种广谱杀虫剂，以前习惯用于杀灭各类害虫，但其高毒，是无公害蔬菜生产首要禁用农药，生产中对于菜青虫、小菜蛾、豆荚螟等鳞翅目害虫效果很好。替代农药有两类：一是生物农药，如毒死蜱、高效氯氰菊酯等；二是使用复混农药，常见混配为敌敌畏＋Bt，敌敌畏＋氟氯氰菊酯等。

2. 三氯杀螨醇　以前主要用于杀灭红蜘蛛、螨类等。替代农药有阿维菌素等，使用后效果明显。

3. 氧化乐果 以前主要用于杀灭瓜类的蓟马等。替代农药有吡虫啉、乐果等。

4. 甲基对硫磷 以前广泛用于杀灭各类蔬菜害虫。替代农药及使用方法与甲胺磷类似。

（四）目前建议在稻田中推广的农药品种

1. 杀虫剂 吡虫啉、敌百虫、毒死蜱、吡蚜酮、二嗪磷、噻嗪酮、三唑磷、杀虫单、杀虫双、杀螟丹、四聚乙醛、苏云金杆菌、辛硫磷、乙酰甲胺磷、氯虫苯甲酰胺、丙溴磷、丙溴·氟铃脲、稻丰散。

2. 杀菌剂 百菌清、春雷霉素、多菌灵、三氯异氰脲酸、恶霉灵、甲基硫菌灵、甲基立枯磷、井冈霉素、已唑醇、咪鲜胺、噻枯唑、三唑酮（粉锈宁）、烯唑醇、三唑酮＋爱苗、苯甲·丙环唑、戊唑醇、爱苗＋井冈霉素。

3. 除草剂 吡嘧黄隆、苯噻酰草胺、苄嘧黄隆、丙草胺、丁草胺、二氯喹啉酸、2甲4恶草酮、禾草丹、灭草松、氰氟草酯、乙草胺、异丙甲草胺。

附录　农药混用的计算及稀释方法

一、农药混用的计算

农药在混用时，须计算各药剂的用量，准确称量配比，才能达到经济有效的施药目的。

(一)作用对象不同的农药混配计算方法

防治两种或两种以上不同防控对象的不同浓度农药混用，要配成某一浓度时，某种农药在混配药液中所需量为：

农药需用量＝混合药液量 ÷ 此种农药稀释倍数

例如：防治在水稻上经常同时发生的纹枯病和稻飞虱，要用井冈霉素和噻嗪酮（稻虱净、扑虱灵）混配药剂。要配制井冈霉素8 000倍液和噻嗪酮 6 000 倍液混配剂 60 千克，需 5％井冈霉素水剂和 25％噻嗪酮粉剂各多少？

井冈霉素＝60 千克÷8000 倍＝0.0075 千克（7.5 克有效成分，即 5％水剂 150 毫升）；

噻嗪酮＝60 千克÷6000 倍＝0.01 千克（10 克有效成分），即 40 克 25％噻嗪酮粉剂。

用水量＝60 千克（在农药稀释中，倍数在 100 倍以上时，采用外比法，可不扣除药剂本身所占的 1 份；稀释倍数在 100 倍以内时，采用内比法，须扣除药剂本身所占的一份，以免造成浓度上的误差）。

作用对象不同的农药混配使用，各种农药的有效成分多是单独起作用，正如上例，井冈霉素只管防治纹枯病，噻嗪酮只管防治稻飞虱，二者互不相扰。混用时各农药用量的多少同单独使用时的用量相同。

(二)作用对象相同的农药混配计算方法

为了增强防效，有时常将两种作用对象相同的药剂混配使用。

例如：要用扑虱灵和吡虫啉混剂防治稻飞虱。现要配扑虱灵4 000倍液和吡虫啉5 000倍液药液50千克，需要25％扑虱灵粉剂和10％锐劲特悬浮剂各多少？

单配25％扑虱灵4 000倍液用药量为50千克÷4 000倍＝0.0125千克(12.5克有效成分)，即50克25％扑虱灵；

单配10％锐劲特5 000倍液用药量为50千克 ÷ 5000倍＝0.01千克(10克有效成分)，即100克(毫升)10％吡虫啉。

扑虱灵粉剂和吡虫啉的防治对象都是稻飞虱，如果仍按单剂使用时的用药量配制，则药液的浓度增加了1倍，因此上述2种农药混用时各自用量都应除以2，即扑虱灵＝12.5÷2＝6.25克有效成分，锐劲特＝10÷2＝5克有效成分。如果防治对象相同的3种农药混用，则应将各自的单倍用量除以3。

二、农药稀释的计算方法

(一)求稀释剂用量的公式

稀释剂用量＝原药剂量 × 原药剂浓度（有效成分）÷ 所配药剂浓度

例如：20％杀灭菊酯乳剂10毫升，要稀释成50毫克/千克(即50×10^{-6}）的药液，求用水量是多少？

解：原药剂量＝10毫升

原药剂浓度＝20％（即等于$200\,000\times10^{-6}$）

所配制的药剂浓度$=50\times10^{-6}$

根据公式 $10\times200\,000\div50=40\,000$（毫升）$=40$（升）

也就是需加 40 升水才能将 20%杀灭菊酯乳剂 10 毫升配成 50 毫克/千克浓度的药液。

(二)求用药量的公式

原药剂用量＝所配药剂量×所配药剂浓度÷原药剂浓度(有效成分)。

例如:50%敌敌畏配 100 千克含量为 500 毫克/千克（即 500×10^{-6}）的药液,求用原药量多少?

解:所配药剂量＝100 千克

所配制药剂浓度$=500\times10^{-6}$原药剂浓度＝50%（即等于 $500\,000\times10^{-6}$）

根据公式 $100\times500\div500\,000=0.1$（千克）＝100 克

也就是用 50%敌敌畏 100 克,即可配 100 千克浓度为 500 毫克/千克的药液。

(三)倍数法计算公式

这种计算方法不考虑原药的有效成分,只根据原药重量和稀释倍数进行计算。

1. 当稀释倍数在 100 倍以下时

原药剂重量＝所需药剂重量÷（稀释倍数-1）

例如:需配制 98 千克 20% 敌稗乳油 500 倍液用于水稻秧苗除草,求用药量是多少?

解:所需药剂重量＝98 千克

稀释倍数＝500

根据公式 $98\div(500-1)=0.2$ 千克

也就是要用 200 克 20% 敌稗乳油才能稀释成 98 千克 500 倍液。

2. 当稀释倍数在 100 倍以上时

原药剂重量＝所需药剂重量 ÷ 稀释倍数

例如:用 2.5%敌杀死乳油配制 10 升 2 000 倍稀释液,求需加 2.5%乳油多少?

解:所需药剂重量＝10 升

稀释倍数＝2 000

根据公式 10÷2 000＝0.005 升＝5 毫升

也就是要用 5 毫升 2.5%乳油才能稀释成 10 升 2 000 倍液。

(四)十字交叉法计算公式(也称波美比换算法)

这个计算方法较简便,计算式不易忘记,一画出十字交叉就可以记住计算方法。计算的具体数字准确,可以同时计算出所需原药用量和稀释剂量,而且还可以将同类型高浓度药剂与低浓度药剂混配成所需要的中间浓度。

十字交叉法计算方法和计算式如图 1。

A:原药剂浓度(即有效成分)。

B:稀释物浓度(如果用水或水泥作稀释物,它的浓度就为零。如用其他的低浓度液剂或粉剂等作稀释物,则指它的有效成分)。

D:需要配制的浓度。

E:需原药剂的份数＝(D-B)。

F:需稀释物的份数＝(A-D)。

首先算出原药剂(A)与稀释物(B)的配合比例,再按下面公式即可求得需要的原药剂和稀释物的用量。

即:需要原药剂的量(重量或容量)＝E÷(E＋F)× 需要混合浓度(D)的需要量。

需要稀释物的量(重量或容量)＝F÷(E＋F)×需要混合浓度(D)的需要量。

例 1:将 25%的杀虫双水剂与水稀释成含 0.06%有效浓度的

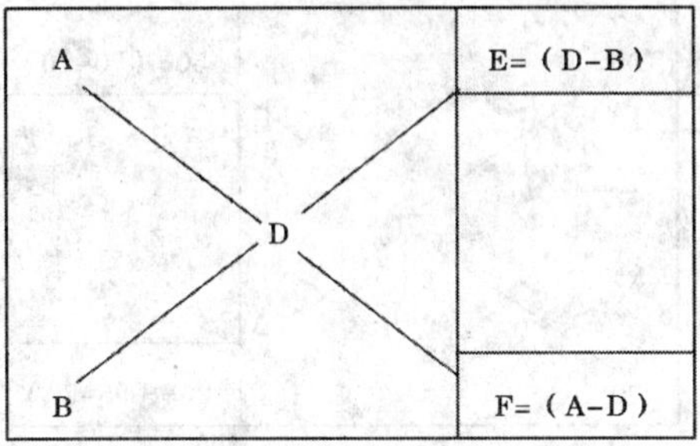

图 1　配比农药用量十字交叉法计算公式

稀释液 200 千克，问需 25%的杀虫双水剂和水各多少千克？按公式换算如图 2。

需 25%杀虫双原药剂的量＝0.06÷(0.06＋24.94)×200＝0.48 千克。

需水量＝24.94÷（0.06＋24.94）× 200＝199.52 千克，或 200－0.48＝199.52 千克。

求解后得出，需要 25%杀虫双水剂 0.48 千克，水 199.52 千克，即可稀释成含 0.06%有效浓度的稀释液 200 千克。

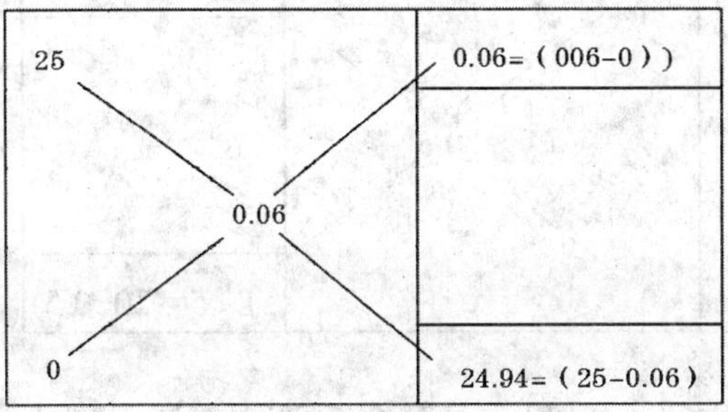

图 2　农药用水稀释计算法

例 2：将 95%酒精与 20%酒精混合成 70%的酒精 300 毫升，问需 95%和 20%酒精各多少毫升？按公式换算如图 3。

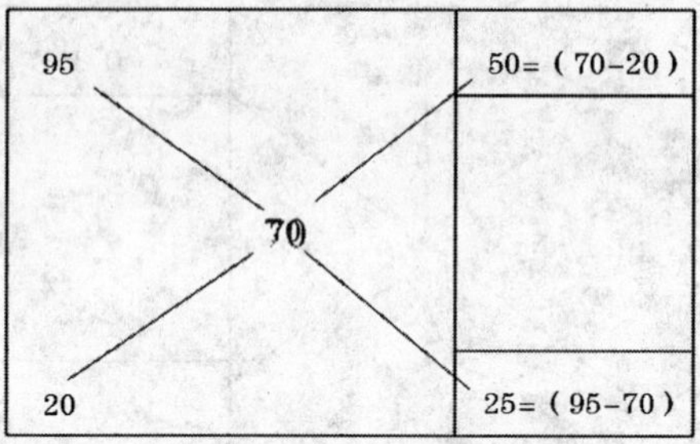

图 3　两种不同浓度液体混配用量计算法

需 95％的酒精量＝50÷(50＋25)×300＝200（毫升）。

需 20％的酒精量＝25÷(50＋25)× 300＝100（毫升）。

或 300-200＝100（毫升）。

求解后得出，需要 95％的酒精 200 毫升，20％的酒精 100 毫升，即可混合成 70％的酒精 300 毫升。

例 3：石硫合剂母液为 20 波美度，喷雾拟用 0.5 波美度的稀释液，求稀释比例。按公式换算如图 4。

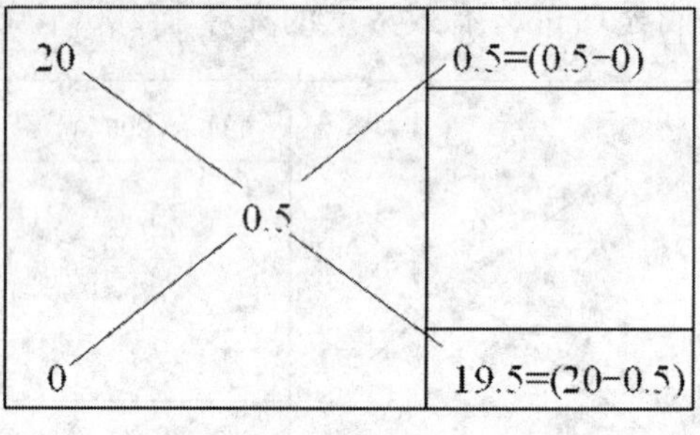

图 4　石硫合剂配比计算法

求解后得出，稀释比例为 0.5 ∶ 19.5＝1 ∶ 39，即用石硫合剂母液 1 千克对水 39 千克，即可配成 0.5 波美度的稀释液。

参考文献及部分图片来源

［1］ 水稻病虫害诊断与防治原色图谱．傅强，黄世文主编．北京：金盾出版社，2005.

［2］ 我国农民种稻技术调查．廖西元，王志刚，方福平著．北京：中国农业出版社，2007.7.

［3］ 中华人民共和国农业部公告第199号，2002年6月5日．

［4］ 曾宜杰，肖志强，徐善忠，等．水稻主要病虫害对早稻产量影响的研究．现代农业科技(植物保护)，2009，4：107-108.

［5］ 卢新林，李驹，阮长兵，等．水稻主要病虫害对中稻产量影响试验．现代农村科技，2009，1： 56-57.

［6］ 肖志强，韦赵海，曾宜杰，等．水稻主要病虫害对晚稻产量的影响试验研究．现代农业科技(植物保护)，2009，5：110-111.

［7］ 黄敏，祝剑真，李旺盛，等．水稻主要病虫不防治对产量的影响．江西农业学报，2006，6： 120-121，123.

［8］ 黄世文，王玲，黄雯雯，刘连盟．水稻重要病虫草害综合防治核心技术．中国稻米，2009，16 (2)： 55-56.

［9］ 黄世文，黄雯雯，王玲，刘连盟．水稻主要病虫害“傻瓜”式防控技术理论与实践 (1)．中国稻米，2009，16 (4)： 13-16.

［10］ 黄世文，黄雯雯，王玲，刘连盟．水稻主要病虫害“傻瓜”式防控技术理论与实践(2)．中国稻米，2009，16(5)： 48-51.

［11］ 李驹，卢新林，焦长兴，等．中稻主要病虫为害损失和防治效益试验．中国植保导刊，2009，6： 18-19.

稻苞虫：http：//www.hudong.com/wiki.

稻螟蛉：http：//bcch.farmers.org.cn/.

水稻黏虫：http：//www. google. cn/search.

稻水象甲：www. nxagri. gov. cn/news/cwjy.

世界农药新进展．张一宾，张怿 编．北京：化学工业出版社，2007 年 1 月第一版．

Jikun Huang，Fangbin Qiao，Linxiu Zhang and Scott Rozelle1. Farm Pesticide，Rice Production，and Human Health. Economy and Environment program for Southeast Asia，open file ACF 268. pdf，EEPESA.